筑原学堂

建筑的大学堂！

何镜堂

2011.3.25

中国工程院院士、中国工程设计大师何镜堂教授为“筑原学堂”题字

筑原学堂纪实 I

ARTMAN Lecture Documentary I

主编：筑原设计机构 | ARTMAN GROUP

华南理工大学出版社
·广州·

图书在版编目（CIP）数据

筑原学堂纪实 I / 筑原设计机构主编. —广州：华南理工大学出版社，2011.12
ISBN 978-7-5623-3562-7

Ⅰ.①筑…　Ⅱ.①筑…　Ⅲ.①建筑设计 Ⅳ.①TU2

中国版本图书馆CIP数据核字(2011)第238414号

总 发 行：华南理工大学出版社（广州五山华南理工大学17号楼，邮编 510640）
营销部电话：020-87113487　87110964　87111048（传真）
E-mail: scutc13@scut.edu.cn　http://www.scutpress.com.cn
策划编辑：赖淑华
责任编辑：庄　彦　赖淑华
印 刷 者：广州市天河兴发印刷厂
开　　本：889mm×1194mm　1/16　印张：22.4　字数：468 千
版　　次：2011年 12月第 1 版　2011年 12月第 1 次印刷
印　　数：1～3000 册
定　　价：168.00 元

序

我很早就从同事那里听说过筑原设计机构，得知它做过不少优秀的作品，在业界也赢得了许多赞誉。这次有幸来到“筑原学堂”，成为“筑原学堂”第七期主讲人，让我从一个全新的角度深入了解筑原。通常，设计行业育人方式多数是师傅带徒弟式的从项目上学习培养，或者将设计师送去学校深造，而将“建筑的大学堂”引入机构，让整个团队集中学习的还比较少，这种方式很好。更值得一提的是，筑原邀请的主讲人都是在设计界很有想法、很活跃的著名学者，他们的讲学让筑原增色不少。

“筑原学堂”不仅办得有声有色，还将讲学内容编辑出版，是件不容易的事情。《筑原学堂纪实I》是一本纪实性的书籍，是根据学堂上讲的内容整理而成的，它有别于常见的理论研究或作品集，是一本很轻松的读物。在阅读中，你能获得当今最新的设计理念和资讯。它的范围涉及城市规划、建筑设计和景观设计等多个领域。

看了此书，我觉得这个团队很令人敬佩。此书的编者均为机构的设计师，他们用对学堂的热情来编排此书。在这里，你不仅能从书里学习到相关专业知识，我相信你更会被这个有活力的团队所感动。

与筑原创始人陈圣泓先生的交谈给我留下了深刻的印象，他理念清晰、文化底蕴深厚，体现了新一代设计师的追求。他能够坚持每年邀请在设计界有影响力的学者到筑原来讲学，为他的设计团队传播最新的理念与资讯，这份坚持和为做出更好作品的探索精神难能可贵。也许正是这种对设计执着追求的精神，打动了每个被邀请到“筑原学堂”来讲学的人，让他们都乐于来到这个“建筑的大学堂”里授课。我相信“筑原学堂”一定会越办越好。

在《筑原学堂纪实I》正式出版之际，筑原设计机构邀请我为此作序，我非常乐意，是为序。

何镜堂

中国工程院院士、中国工程设计大师

FOREWORD

I heard of the name of the Artman Group from my workmate quite early and learned that it had designed quite a number of excellent projects and enjoyed high reputation in the industry. So I am very pleased to be the keynote speaker of the 7th Artman Lecture and understand this design team in a new light. Normally, the talent training in the design industry mainly employs the master-prentice mode, i.e. foster the design talent through the practices with the project; or alternatively, the school mode, i.e. send the designer to further study in university. It is quite rare yet recommendable to introduce the architectural lecture for team learning. To speak of the keynote speakers invited by the Artman, they are all independently-minded, active and famed scholars in the design industry and their lectures would definitely inject more ideas and energy into the Artman Group.

Artman Lecture is already a well-organized activity. What is more impressive is that the Artman Group has decided to compile and publish the contents of the lectures, hence this documentary book, Artman Lecture I. Complied based on the lecture contents, it is a kind of light literature that is very different from the generic theoretic research books or design work collections. It offers the readers the latest design philosophy and information and covers multi-disciplinary fields including urban planning, architecture and landscape architecture.

After reading the book, I found the design team quite admirable. The editors of the book are actually designers from Artman Group. They compiled the book with their passion and enthusiasm toward the Artman Lecture. I am sure that from this book you would not only learn the professional knowledge but also be touched by this dynamic team.

I was also impressed by the conversation with Shane Chen, the founder of Artman Group, where he showed clear design philosophy, profound cultural accomplishment and the pursuit cherished by his generation of designers. He has been persistent in inviting the influential scholars in the design industry to lecture at the Artman Group and communicate the latest design idea and information to his design team. His perseverance and ceaseless exploration for better design works are estimable. Maybe it is such persistent pursuit for design that touches every invitee to the Artman Lecture and attracts them to lecture at this architecture school. I wish the Artman Lecture continual success.

On the occasion of the official publication of Artman Lecture I, I am very delighted to write the preface for it as invited by Artman Group.

He Jingtang

Chinese Engineering Design Master

Academician, the Chinese Academy of Engineering (ACE)

Contents
目录

LECTURE 07

Cultural Inheritance and Architectural Innovation 文化传承与建筑创新

何镜堂 中国工程院院士 / 中国工程设计大师

LECTURE 08

Today's Chinese Landscape Architecture and ARTMAN GROUP's Design 中国风景园林现状与筑原景观

孟兆祯 中国工程院院士 / 风景园林规划与设计教育家

LECTURE 09

Key Issues with Cityscape Lighting 城市景观照明的核心问题

荣浩磊 北京清华城市规划设计研究院光环境设计研究所所长 / 博士

LECTURE 10

Low-Carbon Design Idea in Context of Climate Change
气候变化背景下的低碳设计理念

LECTURE 11

Combination of Tradition and Technology
传统与科技的结合

LECTURE 12

A New Town's Practice: Planning Report of Suzhou Industrial Park
一个新城的实践：苏州工业园区规划报告

温哥华城市空间记忆

Memory about City Space in Vancouver

LECTURE 1
温哥华城市空间记忆
Memory about City Space in Vancouver

2010.3.22

录音整理：李剑、高月
Record and Text by Lijian,Gaoyue

开篇语

筑原设计机构(ARTMAN GROUP)为开拓设计师视野，给予设计师更新、更广的设计资讯，面向筑原设计机构所有成员举办“筑原学堂”学术活动，不定期邀请在城市规划、城市设计、建筑设计、景观设计行业的知名专家、教授进行专题学术报告，并通过网络视频会议平台与各分支机构分享。因为筑原设计机构(ARTMAN GROUP)的起源来自世界花园城市温哥华(Vancouver)，所以“筑原学堂”第一讲决定从温哥华开始。我于1992年10月到大不列颠哥伦比亚大学(UBC)从事研究工作，初到温哥华就被其美丽的都市所吸引，于是决定定居下来，将温哥华作为自己永久居住的城市。

陈圣泓

筑原设计机构(ARTMAN GROUP)创始人 / 现任筑原设计机构总裁、首席设计师 / 曾任职伯克莱加州大学、大不列颠哥伦比亚大学 / 原广州南方建筑设计研究院副院长兼建筑所所长 / 华南理工大学研究生校外导师 / 浙江农林大学兼职教授

研究方向

城市公共空间、文化建筑与风景园林的研究与实践。

主要作品和业绩

西安国际社区湿地公园、长安文化主题公园 / 四川南充市西河整治规划 / 烟台市沁水河、鱼鸟河景观规划 / 青岛嘉合半岛、胶州文化及会展中心建筑设计 / 宜兴市规划展示馆、远东集团科技馆 / 南京理工大学泰州校区建筑设计、泰州市图书馆、博物馆、规划展示馆、大剧院 / 泰州生物医药高新技术产业出口基地医药大学城、高教园区总体规划、泰山公园 / 常州西太湖区域规划及中心区城市设计、镇江金山湖及金山佛教文化广场 / 江阴黄山湖公园 / 红梅公园、青枫公园、圩墩遗址公园 / 江苏省第四届园艺博览会、江苏学政衙署遗址公园 / 云南丽江玉龙雪山风景区规划、西双版纳龙舟广场。

本讲主要内容

城市变迁
公共空间
复合型社区
2010冬奥会——重塑温哥华城市客厅形象

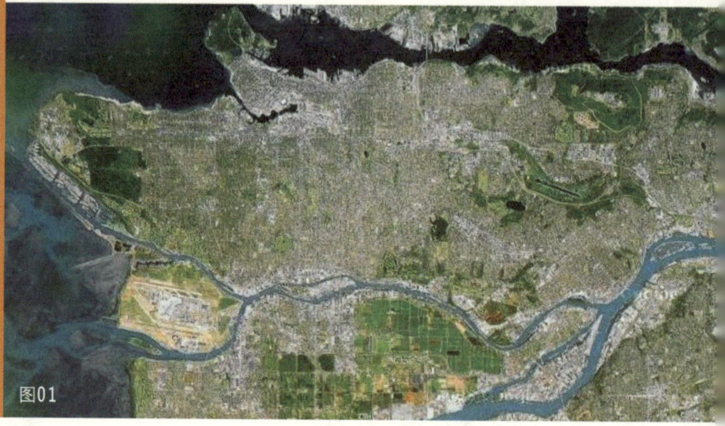
图01

当我们去了某个城市，回来想想还能记得些什么？这就是物质的城市空间在你脑海留下的记忆，这种记忆对于我们今天的城市设计会很有启示。我今天要讲的就是我记忆中的城市——温哥华。我曾经在温哥华待过很长一段时间，2010年冬奥会之后又回去住了一段日子。从我到达温哥华城市的那一天起，我就被温哥华独有的气质所深深吸引。

温哥华这座美丽的城市位于大不列颠哥伦比亚省的西南角，一共分为七个地区，由大大小小22个小岛组成，是世界著名的旅游城市，在《美国经济学人杂志》年会发布的全球商务旅游城市排行榜中连续三次名列榜首。这份排名报告是根据商旅人士对物价、基础建设、社会治安、医学保健、文化和环境等项目的满意度，对全球120个城市进行的评比，结果显示温哥华不管是长期生活，还是观光度假、商务旅游等方面都是全世界向往的指标性梦幻城市。

当然，一个城市的形成受到方方面面的制约和影响，温哥华也不例外，在不长的城市发展历程中，经受了很多的挑战与困难。不同的是，这些挑战和困难没能阻碍城市空间的发展，反而成就了这个城市，使之成为全球最美丽的城市之一。

我对一个城市的了解，总是喜欢追溯其历史发展，在这其中，可以真正把握住一个城市的脉搏，彻底了解这座城市。当然，在温哥华城市发展历史上面临各种城市问题时的思考方式和解决办法，对于我们设计行业来说，值得仔细去思考。下面，我首先讲讲温哥华城市空间的起源及发展历程。

图01 Google 温哥华航拍图
图02 温哥华优美的滨海水岸

城市变迁

水上运输开启了温哥华城市与建筑发展史

如同波士顿、威尼斯、鹿特丹、上海、广州等许多历史名城一样，因为上苍恩赐的天然水资源优势而造就了温哥华城市的发展。1792年英国“发现号”的船长乔治·温哥华(George Vancouver)是第一位由伯劳德(Burrard)河口进入内陆的欧洲人，这正是温哥华地名的由来。对于早期的温哥华来说，水上运输是发展的关键。1808年Simon Fraser发现了从内陆经菲莎(Fraser)河流到太平洋沿岸的水上贸易通道，这一发现促成了1858年的淘金热潮。当时，无论是人、皮毛、木材还是矿产的输送，在空中与铁路运输尚不发达的前提下，水上运输对温哥华而言无疑是当时的唯一选择。

淘金、皮毛、伐木加上日后铁路的开通，进一步成就了温哥华的繁荣。1865年史坦普船长(Captain Stamp,Edward)在唐勒维路(Dunlevy)北段的水岸兴建了史坦普锯木场(Stamp's Mill)，其后发展为锯木厂和矿产的货仓集散地。1886年，温哥华设市并举行了第一次市民会议，将当时锯木厂及矿产的货仓集散地福溪(False Creek)的格兰湖岛(Granville Island)归属温哥华，从此开始了温哥华的城市发展历史。

后来，铁路及航空等运输业开始急速发展，水运交通曾经一度衰落过，但温哥华拥有着天然不结冰的深水港口，这一优势资源保证了温哥华水路运输的重要地位。今天，温哥华港口已经发展成为世界上最大的港口之一，水域面积广达518km^2。当然，优异的水资源优势不仅仅赐予了温哥华天然的港口，还有更多的滨水空间。在温哥华，水已经成为温哥华城市空间中不可替代的灵魂元素，优美的海岸线以及漂亮的滨水空间已经成为温哥华城市空间的一张颇具特色的名片。

图02

图01

图01　温哥华狮门大桥(Lions Gate Bridge)
图02　温哥华伯劳德桥(Burrard Bridge)

图02

桥的架设扩大了早期温哥华的城市规模

温哥华因水而发展，桥的建设使其有了进一步发展与延伸的可能。从温哥华城市的地理关系看，温哥华市区坐落在一个半岛上，早期温哥华的城市发展局限在这块三面临水的半岛区域。它们包括现在的煤气镇(Gastown)、中国城(China Town)、耶鲁镇(Yale Town)中心商业区及西端区等地区。1872年福溪(False Creek)河上兴建的大桥是温哥华历史上的第一座桥。1876年在西敏斯特路(Westminster Ave.现在的缅街Main St.)上设桥、1889年格兰维尔桥(Granville Bridge)、1890年狮门大桥(Lions Gate Bridge)以及1932年的伯劳德桥(Burrard Bridge)等的兴建及重建，开始扩大温哥华的城市区域范围，不再局限于三面临水的半岛，而福溪(False Creek)以南的快乐山(Mount Pleasant)地区及桑尼斯(Shaughnessy)地区也得到进一步的发展，成为著名的居住区。1889年横跨弗雷泽河连接萨里市的第一座斜拉桥——天空之桥，以及连接北温哥华跨越伯劳德海湾的铁路工人纪念大桥(Ironworkers Memorial Bridge)的建成，则更进一步扩大了温哥华的城市规模，加强了城市联系的便捷性。在今天，这些形式各异的桥不仅为温哥华的发展提供了良好的支撑，同时也成为温哥华一道亮丽的风景线。

图01

交通运输促使温哥华城市框架的形成

温哥华和其他城市一样，交通运输一直是城市兴起的触媒，也是城市持续发展的动力支撑。如果说伯劳德湾(Burrard Bay)的脐带孕育了温哥华，那么1887年连接加拿大全境的太平洋铁路(Canadian Pacific Railway,CPR)通到温哥华后，就更加催化了温哥华市区的急速发展。铁路货运的方便，使得沿铁路旁的华特街(water)兴建了一些仓库，经营批发的生意，旅馆、商店相继开张，并逐渐往南侧的寇尔蒐娃街与喜事定街(Cordova and Hastings)蔓延。1898年第二波的可隆戴克淘金热潮(Klondike Gold Rush)兴起时，以一位酒吧老板贾大顿("Gassy" Jack Deighten)命名的煤气镇(Gastown)迅速繁华起来，直到1912年淘金热潮结束，温哥华市区发展的趋势才逐渐外移。

交通运输持续不断地带动温哥华市区的发展，随着第一条长方形有轨电车(Street car)路线于1890年通行后，沿缅街、寇尔蒐娃街、格兰维尔街、片打街等(Main,Cordova,Granville and Pender)商业便随之向煤气镇(Gastown)的西南侧蔓延，第二波新兴的商业区便酝酿成形。

1904年，美国大北方铁路公司(Great Northern)连接了温哥华和西雅图，使美国西岸和温哥华的商务往来更加频繁和密切。

1915年以后，缅街右侧的福溪沼泽地(False Creek Flats)以及格兰维尔岛(Granville Island)陆续填平后，市区的空间格局方告成形，与目前所见的形态已无太大差别。1910年以后因工业发展的带动，福溪与伯劳德湾沿岸工业区兴起，其繁荣景象一直维持到20世纪60年代工厂迁移至郊区高速公路交流道附近才宣告终止。1986年卑诗省政府收购福溪北岸耶鲁镇(Yale town)开置的工业区土地举办了万国博览会，其后将土地售予私人开发后，沿岸的景观从此改观。温哥华的“海—山—桥—河—城”城市空间格局由此形成。

以水运、桥梁为主体的交通运输体系确定了温哥华城市的整体框架。这个框架的作用十分重要，就如一栋建筑结构一样，只有结构框架完美，才能支撑起完美的建筑。当然，一栋建筑除了结构外，还受内部空间、外部肌理等多重因素的影响。城市也是如此，下面我将重点讲讲温哥华的地域文化和开放空间特征，这也是温哥华城市享誉全球的重要指标之一，是我们城市设计中的重要组成部分。

图01　温哥华高豪港游艇码头
图02　煤气镇(Gastown)的标志构筑蒸汽钟

公共空间

温哥华市与大多数北美城市不同，在全球城市逐渐被同化失去特色的时候，温哥华城市却独具魅力。温哥华城市的独具魅力源于其城市特色空间的塑造。

城市空间特色

和而不同的多元文化

标志性建筑是城市的参考坐标

现代与历史和谐共生

世界花园城市

密布畅通的人性化道路系统

图01

图02

图03

图04

图01～图04　和而不同的多民族文化艺术活动
图05　千禧门
图06　唐人街

5

图06

和而不同的多元文化——特色文化空间

温哥华最大的魅力之一便是文化的多样化，这里是一个移民城市，其中华人占25%，还有众多的日本人、韩国人、美国人、法国人、意大利人和印度人等。每个族群都带着自身的文化和愿景来到这里，构成了一个特殊的多元化社会，各种文化在这座城市里融合共生。

来自不同种族的人们，形成各自的社区，有着自身特有的语言、饮食文化以及绚丽多姿的建筑风格。我们中国人每到一个城市都喜欢聚居在唐人街，温哥华的唐人街占地六个街区，其标志就是中国牌楼，最早是因为李鸿章来温哥华而建，距今已有一百多年的历史了。温哥华唐人街是北美第二大的唐人街(仅次于旧金山)，这里的中国人是19世纪中叶为了到美国加州淘金，后北上至加拿大，在此落地生根的。街道两侧林立着各种风味的中餐厅，以及出售中国传统工艺品的商店。街道旁还有中药店、肉铺、鱼店、青菜店、海味干货店、茶餐厅、药材店、杂货店等。在这里你还可以看到中国陶器、茶叶、宝石等。此外，唐人街的广式饮茶也很有名，每到早茶时间多家餐厅都会客满，可谓生意兴隆。这个“千禧门”就是温哥华唐人街的标志性建筑。还有孙逸仙公园传播着中国园林文化艺术，是典型的江南园林风格。

被称为“小意大利”的传统街道位于Commercial Drive，那里有充满着意大利文化特征的建筑与传统的意大利餐厅，每年还会举行各种各样的意大利节庆活动；有“小印度”之称的温哥华缅街(Main Street)、夹49街的旁遮普市场(Punjabi Market)，印度风格的建筑店面比比皆是，在这里有印度的真丝布料和纺织品及地毯等；喜士定大街(Hastings Street)上“涂鸦艺术”与“毒品文化”颓废共存；罗伯森街(Robson Street)上的“时尚文化”与两万年前遗留下来的“土著艺术”共存。

罗伯森街是1980年重新规划的摩登区，是为纪念原省长John Robson而建。虽然已有100多年的历史，但这里有许多不同的新奇事物，拥有最流行的商品旗舰店及个性餐厅，是游人最集中的购物街，也是年轻人与朋友约会消磨时光的地方。整条街都是精品名店、个性的咖啡店、礼品屋、巧克力房及异国美食餐厅。1895年火车铁轨的通过带动了这条街的发展，之后一家家各式各样的传统店慢慢建立，由此也带动了周边地区的繁荣。二战后，大批欧洲人来到此地发展，建成了一批富有浓厚欧洲风味的名店街，当时叫Robson Strasse，今天可以在这里找到A|X Armani Exchange, Nike, Banana Repulic, BCBG等时尚名店，还可以看到一些早期的独立商品、手工制珠宝、艺术玻璃、比利时巧克力等传统文化。

图01

图02

图03

图05

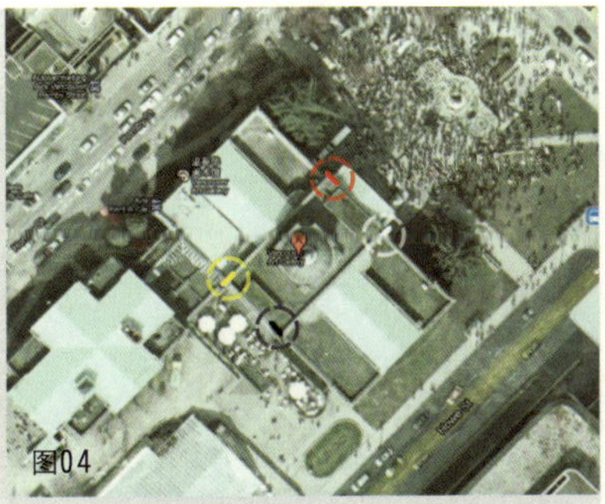
图04

图01　罗伯森街(Robson Street)
图02　城市广场的现代雕塑
图03　美术馆广场休憩空间
图04　谷歌温哥华美术馆航拍图
　　　(主建筑四个角上的雕塑布局)
图05　温哥华美术馆
　　　(Vancouver Art Gallery)

最近温哥华市中心出现了一道新景观：温哥华华裔艺术家林荫庭(Ken Lum)2011年受温哥华美术馆(Vancouver Art Gallery)委托制作了一组工艺作品。这组工艺品是装置在美术馆四个顶角上的四艘缩小规模的船只。这组作品名为《四艘搁浅的船：红、黄、黑、白》。四艘船的造型各异，颜色各有其涵义。象征着印第安原居民的船为红色，来自中国福建的船为黄色，发现温哥华的温哥华船长的船为白色，而黑色那艘则是代表早期印度移民的船只。这四艘船停靠在美术馆的四角，作品简洁的象征意义表露无遗。从这里为起点，你会慢慢看到整个温哥华的面貌：美术馆位于城市的心脏地带，印度城、唐人街、欧洲移民发迹的煤气镇(Gastowm)都由此辐射向外分布，这里无疑是各个文化交汇的中心点。这四艘船像巨人的手指一样指向东西南北四个方位，预言着美洲本土、亚洲和欧洲文化融合的愿景。这恰如其分地表述了这个城市的独特又和而不同的多元文化特色。

图01

图02

特色城市的参考坐标——标志性建筑

我看一座城市习惯以著名的建筑场所作为方向认知的参考坐标，尤其是一些地标性建筑物，比如最高的塔老远都看得到，将是你游走城市的参照物；再比如著名的教堂、博物馆、体育建筑之类的公共性建筑物，问任何人都知道它的位置，如加拿大广场(Canada Place)、温哥华酒店(Hotel Vancouver)、科学世界(Science World)、卑诗体育馆(BC Place Stadium)等。

这里重点介绍一下位于温哥华市区中心的海港中心(Harbour Centre)，这个建筑物是温哥华政府特地给游客设的观景台，可以从全方位360°欣赏温哥华的美景，清晰地看到温哥华市区三面环水，是个名副其实的半岛。

另一个就是象征着现代温哥华的加拿大广场(Canada Place)，它位于今日温哥华的核心——罗伯森街(Robson Street)的尽头。我们都称之为五帆酒店,里面是宾馆、写字楼、会议厅，是1986年世界博览会的主体建筑。

图03

图04

图05

图06

现代与历史和谐共生——独特的建筑形式

历史保护街区的新建筑、新环境以何种姿态出现，一直是人们争论的焦点。是延续现有建筑的形态复制？还是运用现代的设计手法通过一些设计元素将新建筑与历史建筑有机地联系在一起，使其共生、共荣？温哥华的建筑形式用它的历史与现代和谐共生给争论的人们以精彩的回答。

图07展示的是在两个历史建筑中间改建的建筑，新建筑在设计上大胆地采用现代的做法，玻璃装饰墙与周边的两个建筑风格迥异，但是设计师巧妙地通过统一的现代玻璃外挑雨篷及竖向的设计元素将新建筑与左右两边的历史建筑有机地组合，显得非常和谐时尚而得体。建筑是时代的产物，所以不同时期的建筑特征应该呈现不同的风格与技术，但如何将新建筑有机融合在历史建筑之中，则是我们设计师需要重点考虑的问题。

图07

图01 省法院(Provincial Court House)
图02 图书馆(Vancouver library)
图03 温哥华酒店(Hotel Vancouver)
图04 卑诗体育馆(BC Place Stadium)
图05 科学世界(Science World)
图06 海港中心(Harbour Centre)
图07 新建筑与历史建筑的融合、共生
(Integration and Coexistence of New and Historical Building)

图01

图01 著名的cardero's海滨餐厅
图02、图03 现代建筑立面新材料的应用
图04、图05 新建筑上木材装饰方法的广泛应用

温哥华不同时期形成的街区呈现不同的空间形态，现代经济金融区以现代感的简约造型的建筑为主，配以现代环境设计元素，烘托高效快捷的氛围。建筑外立面多以现代新型材料和新的结构方式出现，如石材、玻璃、金属、钢架结构，给人清新透明、高效、现代的感觉。海边的休闲商业建筑则因深受印第安文化的影响，加上地处北美高纬度地区的原因，建筑较多采用阔叶木材做结构支撑，并利用木材本身的肌理质感做墙面装饰，形成了独具特色的木结构建筑，以展示民族朴实的文化内涵。其塑造的环保、自然的空间环境一直为广大北美人民所喜爱。

格兰湖岛(Granville Island) 位于福溪(False Creek)，对面就是温哥华的市中心(Downtown)区。在经济大萧条时期，这个岛一度有大量的厂房破败荒废。温哥华政府对格兰湖岛项目的总体设想是建立一个“都市村庄”，即将格兰湖岛从传统的码头工业中心转型为集现代商业、文化、旅游、娱乐和服务于一体的城市社区中心，并有针对性地将公共娱乐活动定位于休闲、散步、购物和餐饮等，这种策略使得格兰湖岛产生一种持久的活力。在改造的时候没有将破旧的厂房拆除，而是将休闲、商业、旅游功能附加于现有的建筑里，对建筑功能及局部的外立面进行改造。场地记忆与特征以一种新的形式延续下来。另外岛上还有一个很著名的艺术学院，周末的时候，还有民间艺人在艺术学院的广场上进行表演，改造后的格兰湖岛不仅吸引着当地居民，也吸引了外来的旅游者，每年接待游客逾800万人次，其中非温哥华本地游客占70%以上，由此带来相当可观的经济收益。这一改造项目也因此被誉为北美最富活力、最成功的改造项目，成为具有温哥华浓郁地域风情的公共活动空间。

市中心老区“耶鲁镇”(Yale town)保留了原来的街道和旧建筑外貌，只对建筑内部进行改造，过去的厂房、仓库变成了律师、建筑师、会计师的专业办公室，或优雅的餐厅、新式夜总会、各种专卖店和住宅。传统住宅区也发生了变化，一些小住宅和废弃的工业区被改建成多层中密度住宅。

图01

图02

图03

图04

图05

图06

07

图01　改造后的艺术学院
图02　当年的火车轨迹清晰可见
图03　保留下来的火车车厢
图04　旧建筑改造成的风情画廊
图05、图06　大车间改造成的水果市场
图07　改造后的时尚餐厅与咖啡吧

世界花园城市——城市绿色空间

温哥华保留了大面积的原始森林。城市中约有192个公园，大面积的绿地为动植物的生存提供了自然环境。动物、植物与人组成了一个高度和谐的系统。

图01

图02

图03

从温哥华城市中心的伊丽莎白女皇公园(Q.E.Park)的草坪花谷到温德生植物园(Van Dusen Botanical Garden)，从目前世界上唯一的城市原始森林公园史坦利公园(Stanley Park)到滨海公园(Marine Foreshore Park)，从卑诗大学(University of British Columbia)的日本花园到唐人街的中国庭院，从罗伯森广场(Robson Square)到这次冬奥火炬广场，还有大小各异的随时出现在眼前的社区公园、街头巷尾的绿岛，整个城市所带给你的绿意是那么真切，四溢的花香、清新的空气，无不向我们炫耀着温哥华无愧于“世界花园城市”这个称号。

在这形式、大小各异的花园中，最具代表性的当然还是史坦利公园(Stanley Park)。它占地约400万m^2，东南面跟市中心接壤，其他三面环海，西南有大片的海滩，是市民阳光浴及海滩游泳的休闲地带。1886年温哥华设市举行第一次市长会议时，就一致确定这块位于伯劳德海湾上的半岛为市长公园，作为世界上最大的城市公园之一，这个占据史坦利公园80%的原始森林一直被保护到今天。

这里特别要讲到的是温哥华的滨海公园不能不看，在去“UBC”途中的Spanish Bank Beach、Jericho Beach Park、English Bay Beach以及Coal Harbour 等各具特色的滨海公园中，能欣赏到温哥华海滨城市特有的美丽和海岸山峦，带给人们美不胜收的感觉。

图01 温哥华斯坦利公园内西北海岸印第安图腾柱，以格式化的写实主义雕成，分布在整个温哥华
图02 伊丽莎白女皇公园(Q.E.Park)的草坪花谷
图03 唐人街的中国庭院——孙逸仙纪念公园

密布畅通——人性化道路系统

温哥华市的交通非常畅通，几乎没有拥堵的现象，每个公共汽车站都准确地标出了汽车到达的时间。道路不宽，亲切宜人，道路宽度10~20m，道路的间距很小，不超过500m，密如蛛网的道路保证了交通的畅通。道路系统最大的特色就是人性化。全城没有封闭的过境高速路，所有交叉路口均以红绿灯分流限速。南北向道路为交通干道，有各自的名字；东西向道路则为次一级的道路，以数目编号命名。道路网络如坐标网能够清楚地指示某一建筑物的位置，给生活提供了很大方便。

温哥华的高架轨道运输工具被称作“空中列车”(sky train)。空中列车自开通以来，已成为当地综合快速交通系统的支柱，是温哥华的三种主要交通方式(公共汽车、空中列车、海上巴士)之一。这三种交通方式统一管理、统一票制、统一票价，方便了乘客，体现了综合交通的优势。在空中列车的起点站——Waterfront综合交通枢纽，空中列车可以方便地与西海岸快速列车、公共汽车、海上巴士、直升飞机、水上飞机等交通工具换乘。空中列车及高架轨道桥与城市景观融合，形成了良好的城市形象。

图01

图02

图01　温哥华空中快车(Sky train)
图02　温哥华架空快车加拿大线(Canada line)
图03　建筑施工场地一侧的步行通道
图04、图05　滨海人性化的慢行系统
图06　人性化的步行空间

图03

温哥华有着完善的自行车车道和独立的步行道，坚持城市应该让人有更多走路的地方的理念，市内建有多条风景宜人的步行道。中心城区就是个适宜步行的地方，建筑的高度和街道的宽窄都被严格控制在人们可以接受的范围内。由于步行环境良好，街道两边布满了规模虽小但很有特色的餐饮店、服装店、手工艺品作坊，给当地做小生意者留出了足够的生存空间。即使街道两侧建筑在修建施工期间，也一定会搭建美观而坚固的人行通道，保证行人的方便和安全，充分体现对市民的尊重。

图04

图05

图06

CITY OF VANCOUVER

Cycling in Vancouver

CITY OF VANCOUVER Host City Ville hôte

Cycling will be a great way to some routes at Games t

Public Transit

Bus

Most bus routes in Metro Vancouver provide bicycle racks on the front of buses. Bicycles can be loaded onto racks during all hours of bus operation at no additional charge. Only two bicycles can go on each rack at a time. Motor-powered bicycles are not permitted on racks.

SeaBus

A maximum of six bicycles are allowed on board each sailing during all hours of operation at no additional charge. Board the SeaBus through the rear doors as directed.

SkyTrain

Bicycles are allowed on SkyTrain for no extra charge at all times of operation except in the peak direction (toward downtown in the morning and away from downtown in the afternoon), Monday to Friday from 7-9 am and 4-6 pm. Only two bicycles per SkyTrain car are allowed. Bicycles are not permitted at any time at Metrotown Station. Bicycles must not be carried on station escalators. Use elevators or stairways to access platforms.

West Coast Express

Bicycles may go on this commuter train during all hours of operation at a charge of $1/day or $15/month. A maximum of two bicycles per train car are allowed.

For more on bicycles on the transit system and bus routes with bicycle rack service: TransLink at **604.953.3333** or visit their website: **translink.bc.ca/bikes**

Bicycle Lockers

Lockers are available for monthly rentals from TransLink at many SkyTrain stations and Park and Rides. For more information: **cmediaoutdoor.com** (see Lock and Ride) or **604.924.1076**.

Downtown Bicycle Parking

Free public bicycle racks are available at downtown EasyPark lots.

Locations and details: **easyparkvancouver.com/EasyRider.aspx**

Bridges and Connections

Cycling in Vancouver may require crossing waterways. Use extra caution when riding on bridges. Where possible, use the sidewalk going in the same direction as traffic. Follow directional signage at access points to sidewalks and pathways.

Crossing Burrard Inlet

A Lions Gate Bridge
Cyclists must use the sidewalks and are prohibited from the road.

B SeaBus
Cyclists may take bicycles aboard SeaBus for no additional charge.

C Ironworkers Memorial Bridge (Highway 1)
Cyclists must use the sidewalks and are prohibited from the road.

Crossing False Creek

D Burrard Street Bridge
Cyclists must use the designated bike lane south and sidewalk north.

E Granville Street Bridge
Cyclists must use the roadway.

F Cambie Street Bridge
Cyclists may use the roadway or east sidewalk.

Crossing the Fraser River

G Arthur Laing Bridge
Cyclists must ride on the roadway.

H Oak Street Bridge
Cyclists must use the sidewalks and are prohibited from the road.

I Canada Line Bridge
Dedicated cyclist/pedestrian bridge (no motor vehicle traffic).

J Knight Street Bridge
Cyclists must use the sidewalks and are prohibited from the road.

For cycling routes outside the City of Vancouver: translink.bc.ca/bikes

For 2010 Winter Games de watch for signs or visi vancouver.ca

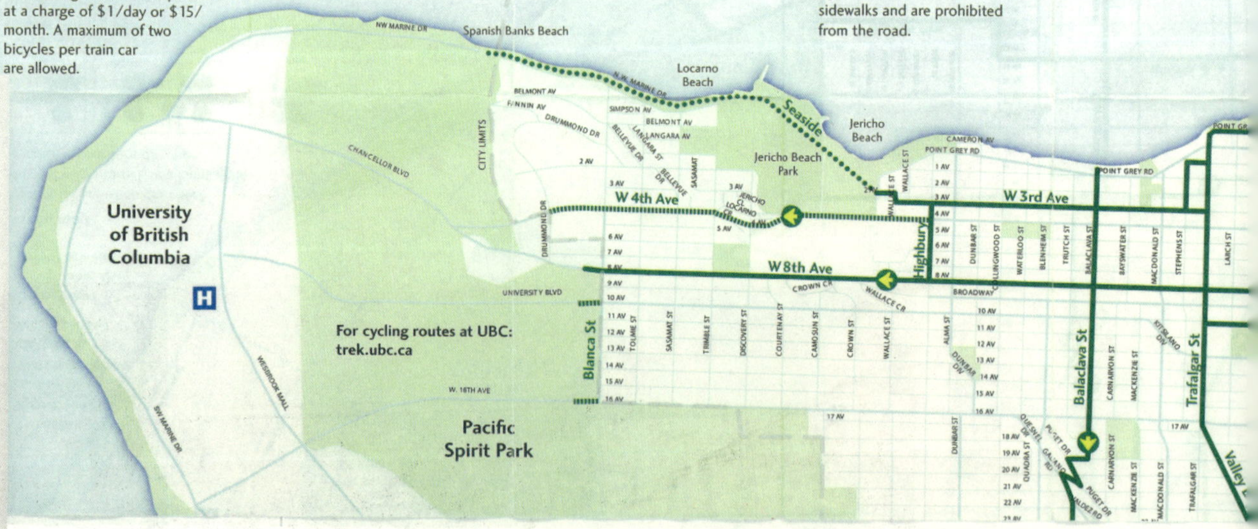

ring the 2010 Winter Games. Look for changes
e, visit the 2010 Host City website at vancouver.ca
LEGEND
Neighbourhood Street Bikeway
Off-Street Bike Route
Major Street Bike Lane
Major Street Shared Lane
One Way Bike Route
Uphill
Major Street
Neighbourhood Street
Transit/SkyTrain Station & Route
SeaBus Terminal & Route
Hospital
Park
Lions Gate Bridge
Beaver Lake
tanley Park
ore information
g in Stanley Park,
ncouverparks.ca
Lost Lagoon
Deadman's Island
Coal Harbour
TO NORTH VANCOUVER
Burrard Inlet
Ironworkers Memorial Bridge
SeaBus
English Bay Beach
Sunset Beach
Vanier Park
Burrard Bridge
Granville Bridge
Cambie Bridge
False Creek
Seaside
Chilco St
Alberni St
Georgia St
Cardero St
Hornby St
Dunsmuir St
Pender St
Burrard St
Richards St
Homer St
Beatty St
Pacific Blvd
Carrall St
Keefer St
Union St
Adanac St
Wall St
New Brighton Park
Hastings Park
Cassiar St
Kaslo St
Lakewood Dr
Woodland Dr
Rupert Park
Slocan St
Great Northern Way
Central Valley Greenway
W 1st Ave
W 5th Ave
W 7th Ave
E 6th Ave
7th Ave
W 10th Ave
E 10th Ave
E 14th Ave
Cypress St
Heather St
Yukon St
Ontario St
Main St
Windsor St
John Hendry Park
Trout Lake

复合型社区

温哥华的社区极具特色，这种特色性主要是由社区功能的多样性所决定的。在比较早的时候，温哥华的市政当局就提出社区居住人口社会多元化的目标，这就要求社区必须承担不同居住人口(老人、年轻人、儿童等不同年龄层次、不同家庭类型等)的功能需求。

这种复合型社区是当时为了解决不同移民人群需求而确定的，但今天，已经发展成为温哥华的一大特色。在这里，凯文·林奇先生的《城市意象》可以得到很好的应用，社区的边界、路径、标志物等都非常清晰，这就为社区生活创造出了一种宜人的空间尺度。而这种复合型社区的另一大特点就是开敞空间与多元化的社区服务中心有机结合在一起，可以满足不同场合下从事不同活动的需求，包括体育运动、观看比赛、散步、骑车、跑步、练操、静坐、阅读、休息、就餐、交谈、赏鸟、私人会面、公众聚会，等等。很令人惊奇的是，在温哥华这样一个经济超发达的城市中，这种社区的活动却很频繁，而在中国，例如上海、北京、广州等地，这简直是不可思议的事情。

图01

图02

图03

图01、图02　社区休憩活动空间
图03　不断优化中的耶鲁镇社区
图04～图06　社区儿童活动空间

事实上，温哥华的社区更多的像是围绕公共服务设施形成的一个生活圈。各种不同的社区又互相围绕着一个规模相对较大的公共服务区。温哥华的市区核心位于伯劳德半岛，是由许多主要服务设施共同组成的，包括温哥华酒店(Hotel Vancouver)、美术馆(Art Gallery)、哈得森贝百货公司(Hudson's Bay Company Department Store)及奥芬剧院(Orpheum Theatre)等商业设施，另外还有很多服务型设施。事实上，市中心与社区的关系也是很紧密的，在耶鲁镇(Yale town)和高豪港(Coal harbour)一带有着大量的居住社区，这也保证了各个区都能够基本保持着就业岗位和社区人数的平衡，从而减少了交通出行量。

目前，复合型社区也是设计界比较感兴趣的话题，因为这种社区关注的是城市生活中错综复杂的城市关系，并能解决一系列的城市问题，包括城市交通、就业，等等。从这点上说，温哥华的复合型社区应该是一个很值得借鉴的案例。

图04

图05

图06

2010冬奥会——重塑温哥华城市客厅形象

2010年的温哥华冬奥会给温哥华带来了深远的影响，不仅为今天的温哥华城市发展带来了新的动力，也对城市的空间形态带来了进一步的改观。我现在还对奥运期间各个赛场和大街小巷的节日景象记忆犹新。

001

图01 温哥华冬奥会火炬广场
图02 冬奥会速滑馆

图02

为迎接冬奥会，温哥华政府采取了一系列措施，包括在伯劳德海湾南部滨海区域兴建的温哥华会议中心(Vancouver Convention Centre)；扩建原来的加拿大广场，新建象征本次冬奥会的火炬广场；在温哥华中心地段设立行人活动区，将市中心的Granville, Robson, Mainland 以及Hamilton等几条街作临时性步行系统改造；建造绿色环保自行车道，用于温哥华城市空间特色体验；建造连接列治文市、温哥华国际机场和温哥华市中心的捷运线“温哥华架空列车加拿大线(Canada line)”以及扩建连接温哥华和威士拿的海天公路(Sea-to-Sky Highway)，以迎合奥运会期间的交通流量，等等。这些措施加强了温哥华公共空间的可识别性及可参与性，进一步开放了滨海空间，展示出了温哥华作为城市客厅的独特城市空间魅力。

2010年温哥华冬奥会是第21届冬奥会，从2010年2月12日开始，到2月28日结束，历时16天。口号是“从海洋到天空的比赛”，这届冬奥会图形设计的色彩很出色，配合鲜亮的蓝绿色，象征从温哥华到惠斯勒一路由大海到蓝天、森林的秀丽风景。会徽主体形象的设计灵感来源于加拿大北部地区土著民族因纽特人的巨型石雕，这些被雕刻并叠放成人形的巨石常被用做路标和纪念物。

说起冬奥会，就不得不重点讲讲温哥华会议中心。温哥华会议中心是专门为冬奥会而建，在冬奥会期间主要作为新闻媒体中心而使用，期间超过一万名媒体工作者聚集于此。这座建筑物2009年建成，面积超过9.3万m^2，它可以提供国际会议、展览、各种会展活动等多功能服务。中心正对着景色美丽的港口，60%建在陆地上，40%建在水上。滨海地段有一个很大的绿地空间，与北温哥华隔海相望。火炬广场、温哥华会议中心顺伯劳德海湾而建，会议中心位于伯劳德海湾的南部，旁边是火炬广场，西侧是Coal harbour社区，这是市中心最贵的社区。与北温哥华和格劳斯山(Grouse Mountain)遥相呼应，整个场景气势恢弘，成为伯劳德海湾的标志性区域。提到火炬广场，顺便说说关于冬奥会的一个小故事。冬奥会的室内主火炬应由一根冰块形状的主火炬柱和四根“欢迎柱”组成篝火形状，但在开幕式中，只有三根“支柱”从体育场下升起，为了补救开幕式主火炬点燃时“三缺一”的遗憾，在闭幕式时，主办单位用温馨幽默的手法由一名打扮成电工匠的小丑演员，吃力地在洞里修理，然后从洞里爬出，忙不迭地拿起电线，紧紧地接住另一头的插座，然后第四根圣火柱开始移动，缓缓上升再倒向其他已上升的三根圣火柱，最后四根圣火柱加火盘组合终于完成火炬造型。和谐的小丑传达出了温哥华对现代奥运、对体育运动的享受和理解，对他们而言，奥运会不仅是对抗、竞争，更代表一种心情的放松，是精神愉悦的生活方式，是对人自身的解放。这一举动不但赢得了在场观众的欢笑和掌声，更成为了各地传媒的一时佳话。

图01　温哥华冬奥会会徽
图02　冬奥会速滑馆外观
图03　Coal Harbour社区
图04　温哥华国际会议中心

图01

图02

图03

结语

冬奥会对温哥华的影响不仅仅是在城市空间形态上的改进，更重要的是通过冬奥会向全世界展示了温哥华特有的文化和空间意向。这座美丽的城市再一次给全球人民带来新的视觉体验。而对这座城市的空间感受，如果大家出国去游玩的话，建议大家能亲自去温哥华，去体验那里的滨海空间，去感受世界花园城市的魅力。

2010年上海世博会
中国馆：由方案到实施

From planning to implementation of China Pavilion of Expo 2010 Shanghai China

LECTURE 2

2010年上海世博会中国馆由方案到实施

From planning to implementation of China Pavilion of Expo 2010 Shanghai China

2010.4.19

录音整理：高月
Record and Text by Gaoyue

开篇语

今天我们非常荣幸请到了华南理工大学建筑设计研究院的汤朝晖教授与我们分享上海世博中国馆设计与建设的过程。汤教授在上海世博中国馆项目驻场有很长一段时间，对项目的整个流程都有很深的了解。今天汤教授将给我们讲述项目从投标构想到修改方案、实施方案以及到工程竣工的整个过程中所发生的事情和施工过程中的一些技术细节，希望大家通过交流学习得到启发。

汤朝晖

华南理工大学建筑设计研究院副总建筑师 / 华南理工大学建筑学院博士生导师

研究方向

现代建筑设计与理论，建筑设计与城市公共空间研究与实践。

主要作品和业绩

主持与参与的多项重要工程中有12个作品获国家、省部级优秀设计奖，其中国家金奖1项、国家银奖1项、省部级奖以上16项、建筑创作奖5项等。其主要作品包括：珠海机场候机楼、广东外语外贸大学教学楼与教学办公楼、肇庆市国税局教育培训中心、虎门鸦片战争海战博物馆、武汉水利电力大学教学楼、浙江大学紫金港校区东教学组团、广东工业实训中心、飘雪鼎湖山泉办公楼、肇庆市星湖湾住宅小区、深圳市布吉综合客运枢纽、广西崇左市行政中心、南宁市委党校等。先后在《建筑学报》《华中建筑》《规划师》《建筑科学》《城市建筑》等刊物发表论文30余篇。

本讲主要内容

设计概况
设计理念
投标阶段
方案修改阶段
项目实施阶段

设计概况

2010年上海世博会是世界各国汇聚中国的举世盛会。中国馆位于世博园区的核心地段，处于南北、东西轴线的交汇处。中国馆由国家馆和地区馆两个部分组成，总建筑面积约16万m^2，高69.9m。世博会期间，中国馆在黄埔江畔展现了东道主的好客热情与大国风范；世博会后，中国馆作为世博园区的核心建筑物之一，永久保留。

道·概念

东方之冠 鼎盛中华

升起在黄浦江畔

华冠高耸 人潮汇聚 共庆中华盛世

中国印象

器物 斗冠 屋檐 珠帘

修竹 薄雾 朱红 拙巧 大气 繁盛 多元…

人们心中的中国

天下粮仓 富庶百姓

五十六支构架支撑起 历史的心愿

福泽神州 四方皆富庶

中国在二零一零上海世博会

黄浦江畔 人们共聚一堂

在 此时 此地 中国器

思·构成

经纬网络 传承开创
体现中国传统城市的营建法则
立体构成 层叠出挑
展现现代设计思维与技术

功能完备 匠心独具
主体 螺旋上升
更上一层见开阔 总揽千里目
基座 水平伸展
三十一个省市 自治区 携手创繁华

城市广场 天人合一
东方之冠的福荫下
平台层叠 路径交汇
人们同行 表演 注目 又微笑

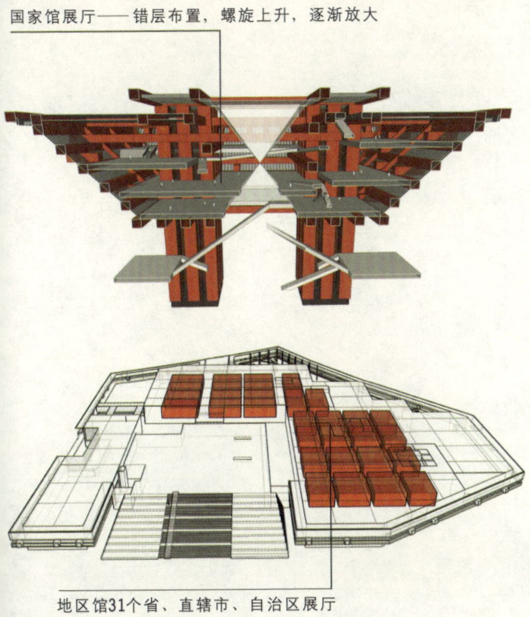

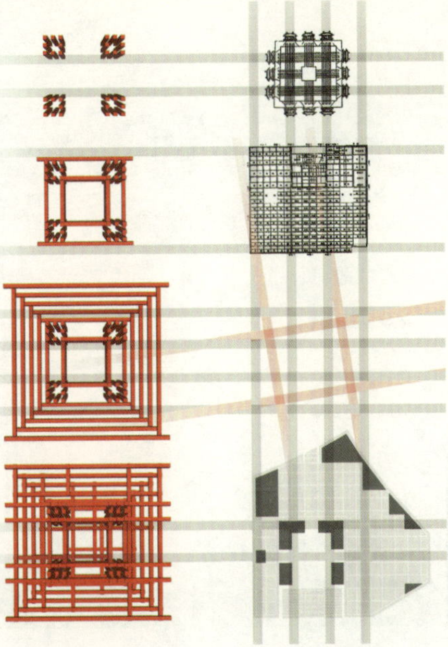

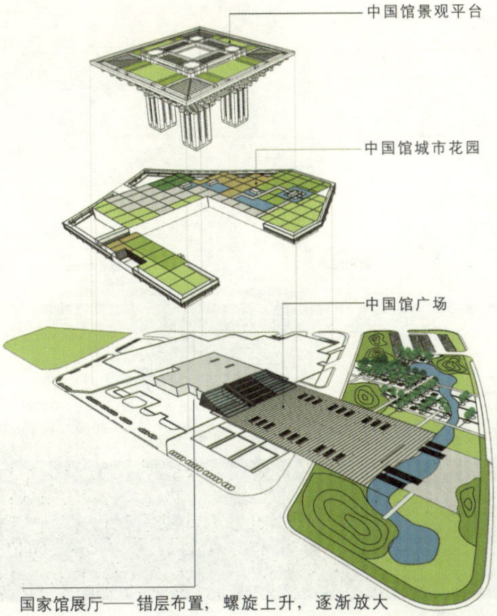

德·生态节能

绿色环保 自然和谐

阳光 普照

福荫 庇护

轻风爽适 人与大自然同呼吸

为·建造

技术之力 架构之美

立柱 层叠 伸展 悬挑

建造东方之冠 体现现代技术的力度与美感

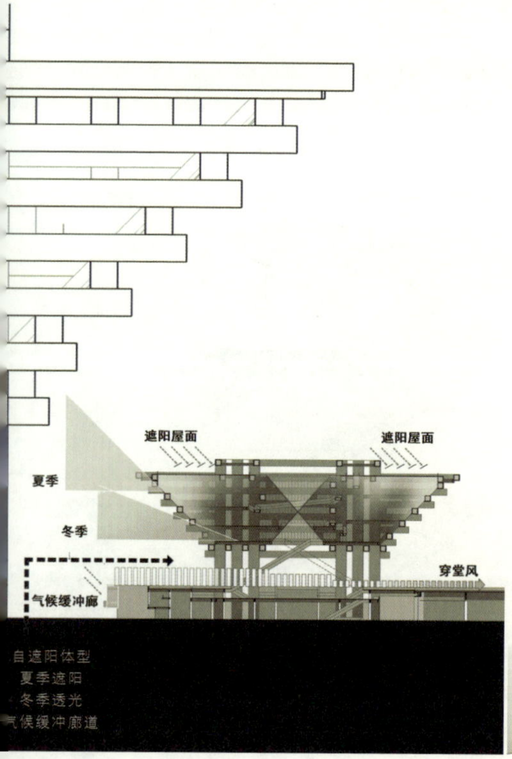

图01 投标的八个方案
图02 汤朝晖的初步方案稿

01

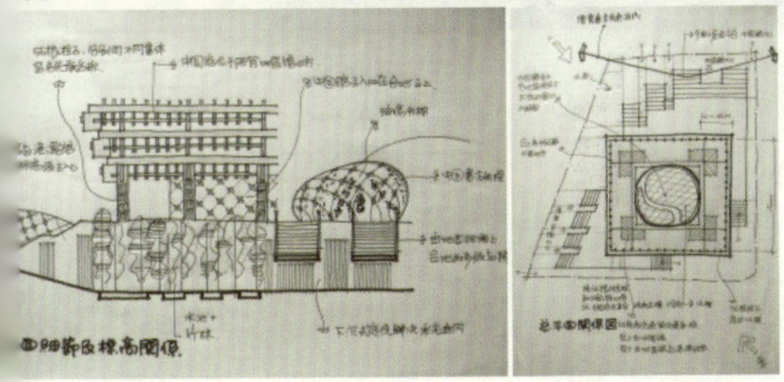

02

投标阶段

很少被提及的是，当初由何镜堂院士带领的设计团队，提交给上海世博局的，一共有3个投标方案。3个方案的设计立意分别是“中国器”“中国玉”“中国园林”。中国文化的博大精深，让设计团队在面临“城市发展中的中华智慧”这一命题时，对中国元素的提炼感到难以取舍。所以分别以这三个主题完成了不同的提案。最终，以“中国器”为立意的方案入选。

当时我们在做前期设计的时候是全院建筑师一起参与，大家一起出主意，出不同的草案，图02是我当时自己画的一个草图，尽管这个草图跟现在中国馆的最后样子相差得比较多，但有一些细节仍一直保留到今天。比如说方形的平面、四个立柱、架空的展馆，还有红色层层出挑的一些细节，在最后的实施过程中都能够得到一定的延续。这是我比较开心的一件事情。

前期竞标做了两轮，第一轮在344个方案里海选出八个方案，然后在八个里面最后选出三家。入选的“中国器”方案体现了中国传统建筑文化的和谐思想，寓含了中国传统城市的网络式营建法则，表达了中国传统木构建筑的结构特征。建筑主体层层出挑、逻辑清晰、整体有力，外部形象整合了中国文化印象(意境、品格、色调、特征等)、中国文化器皿(如冠、鼎、家具等)、中国建筑元素(如城市营建法则、建筑构架、斗拱等)各方面的精神与气质，内部展览空间流线明确，视线流通，符合现代展览的需求。

图01

方案修改阶段

经过两轮竞标之后，最终由华南理工大学建筑设计研究院、北京清华安地建筑设计顾问公司以及上海建筑设计研究院有限公司三家设计单位，组成联合设计团队，听取社会各界的意见与建议，经过大小几十次反复修改优化，最终形成定案方案。建筑的概念也由原来的“中国器”进化到了“东方之冠、世界舞台、天下粮仓、富庶百姓、传承开创、鼎盛中华”的更丰富主题。

图01 实施方案效果图
图02 原入选方案效果图
图03 方案修改后效果图

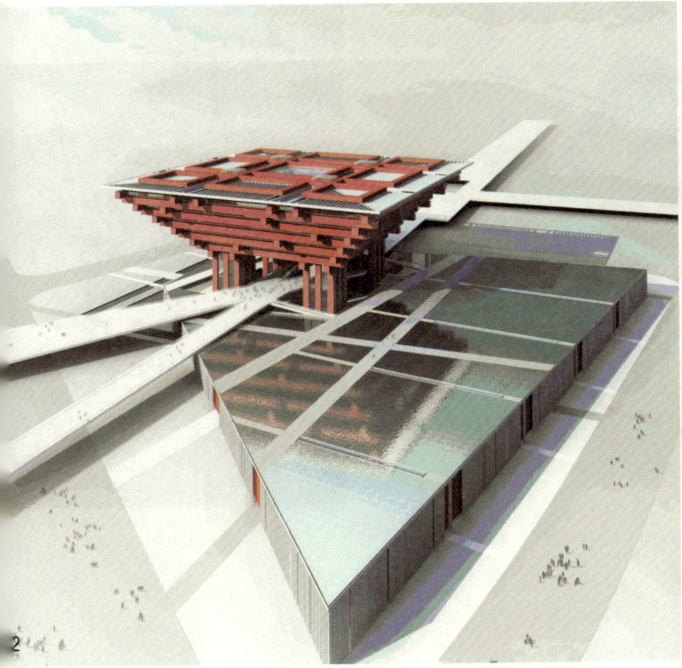
2

图03

曾经，一家媒体采访时我们聊到：在世博会那么多个国家展馆里面有哪些展馆是从最初的构思草图一直到实施，可以基本上没什么变化、完全做出来的，当时我们就聊到一个“完成度”的问题。我们觉得“完成度”比较好的或者说几乎没有什么更改就完成的应该是现在的英国馆。中国馆的完成度呢？我们自己团队内部有“大家”不约而同的一个看法：中国馆的完成度大概达到60%。我们可以将最早入选时的方案与后面实施的样子进行比较，大家可以评价一下看完成度有没有60%？原入选时的方案与实施方案对比，原入选方案的檐口有一圈白色的挑檐，现在这个檐口是红色的。原入选方案的裙房，现在变成由清华安地设计顾问公司重新设计的地区馆。中国馆的主体部分基本上保留下来了，地区馆的设计已完全由清华安地设计顾问公司设计。因此中国馆可以说是一个上下重叠、互相配合的方案。下面我从定案方案与入选方案对比其中四处变化与大家进行交流。

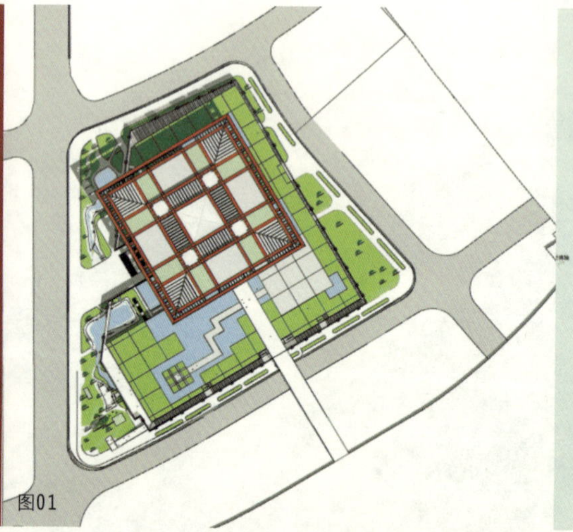

图01

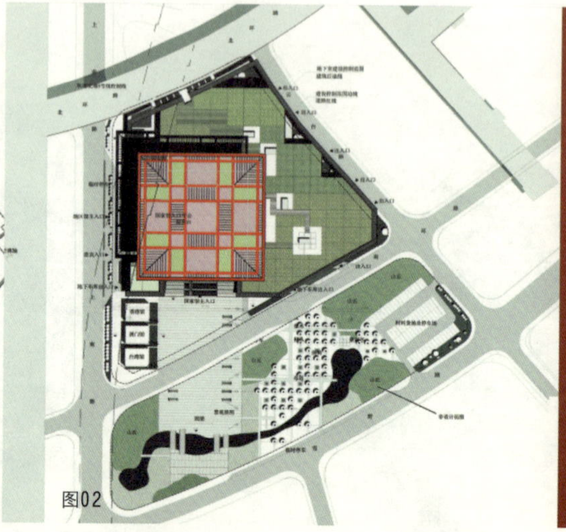

图02

图01 原入选方案总平面
图02 实施方案总平面
图03 原入选方案剖面图
图04 实施方案剖面图

建筑方位的变化

最早入选时的方案，建筑主体是按平行于城市主干道布局的，这样有利于建筑平面的规整，地区馆能获得更好的空间。在优化过程中，调整成基本正南北向，并与世博轴平行。从空间上与世博轴关系更加协调，正南北向也与中国传统文化理念暗合。带来的影响就是地区馆的外沿被切割得不规则，增加了地区馆平面布局的难度以及带来了后面要提到的与地铁M8线的技术协调难度。

地区馆的平面变化

因为建筑主体相对于总平面的旋转，地区馆的平面由相对规整变得不规整。设计团队在安排地区馆中各省、直辖市、自治区的展区时，要达到每个展区净面积600m^2，且要求范围方正。此时，不规则的平面使设计团队遇到了一定的困难。但是，最后问题还是得到了解决。

建筑的模数的变化

原方案是以“3”为模数的，建筑物的层高、柱距、构件尺寸等均是“3”的倍数。因为“3”在中国文化中具有特别的意义。方案调整后，因为外部整体的美学比例及建筑高度等综合考虑，调整为以2.7m为模数。当然，“2.7”——数里仍然暗含了“3”。调整模数后的建筑物外部造型比例也有一定的变化，四个落地的核心筒与原方案相比显得更加强壮、更加稳定。

内部展示空间的变化

国家馆原方案的展示空间是由中庭连通的多个错层空间，参观流线绕中厅的螺旋形整体。实施方案中，根据布展的要求，展示空间改为相对独立的三个大平层，中庭取消，参观流线以每层为单位水平展开。中部建筑空间没有原方案丰富。为此，设计团队沿层叠出挑的外窗边增加了步行斜坡道，既有利于组织人流与向外观景，又重获了建筑的内部空间趣味。

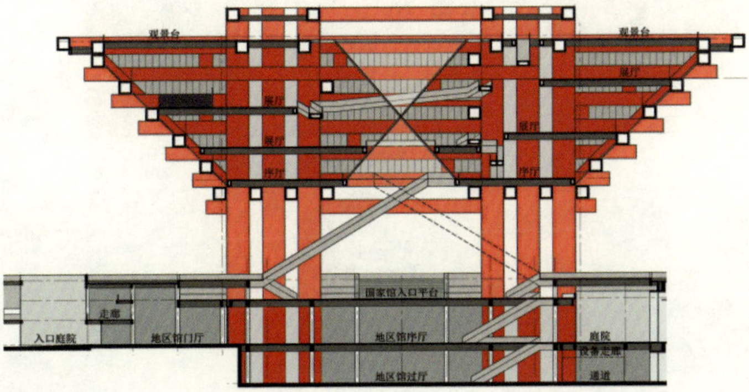

图03

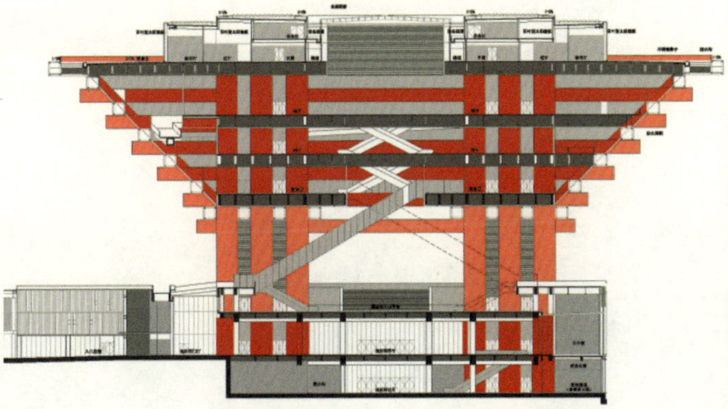
图04

项目实施阶段

由定案方案到实施的全过程，仍然充满着变数，这里面有对建筑设计的追求、对建筑技术的挑战，也有对现实条件的妥协。其中有几项是比较重要的：

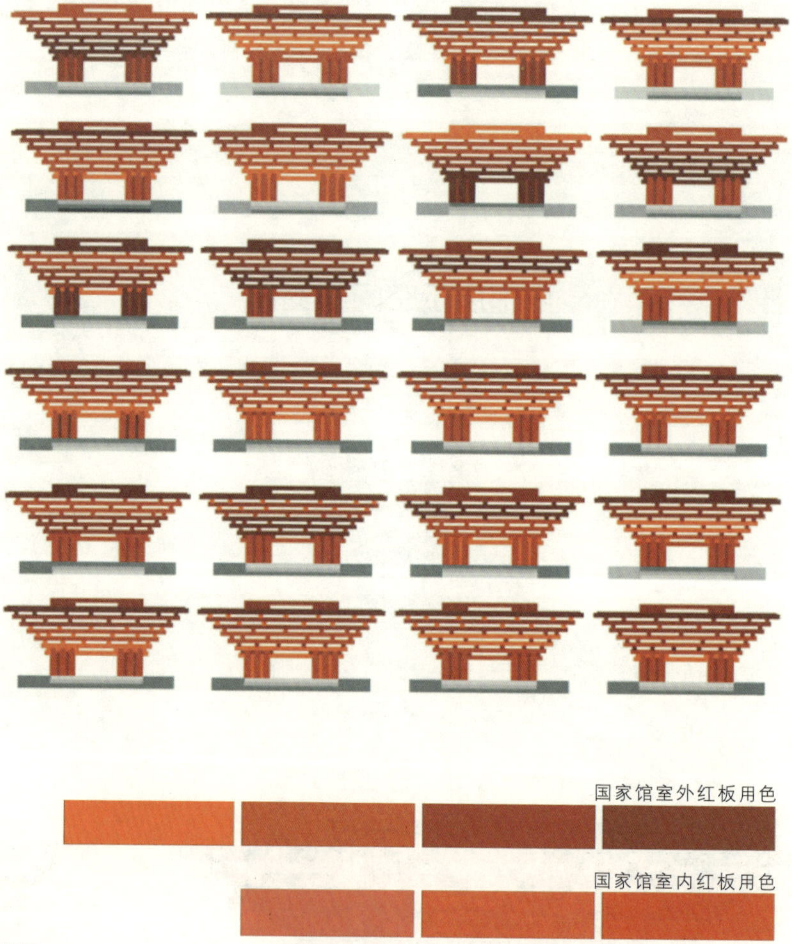

图01

图01 立面色彩变化的推敲过程
图02 挂板试验现场

中国红的定调

红色一直是中华民族的重要代表色。但到了工程上，怎样的颜色才能叫中国红？怎样准确标定色版？这个问题困扰了设计团队很长时间。曾考虑过不同的单一红色，但不管用哪种红，总会觉得单调与不完美。受光面觉得效果好的红，背光面又觉得不合适，反之亦然。最后还是从北京故宫的红色组合中得到启发：故宫的红并不是单一色调的红，而是一组红色系的组合。用于城墙、檐口、柱子、大门、彩绘等处的红，均顺应条件的不同进行配色，最终形成了色感丰满又协调统一的“中国红”的效果。

外立面材料选择

为了配合“中国红”的整体效果，同时希望外立面肌理更富于变化，组合的依据与建筑构件离观众的距离相关，设计团队曾考虑过多种可能性，初期意见比较集中的是：彩釉玻璃、陶板、金属板。对这几类材料，均进行了小比例样品与1:1等比例实样的现场比较，同一类材料也进行了不同表面肌理与花纹的对照。既要考虑材料在近中远距离的观赏效果，也要考虑材料在日光与夜景不同场合下的效果。为此设计团队在项目业主与上海市专家组的支持下做了大量的研究工作。最后在对材料的耐久性、安全度、供货期、技术成熟条件、施工速度、灯光效果等进行综合评价后，采用了在蜂窝铝板表面做书香条纹肌理的方案。与红色系选择的原理相近，最后选定的竖条肌理，其尺寸与间距也有大中小不同的组合，以取得统一之中富于变化的效果。

图02

彩釉玻璃　双层压花玻璃　传统意象纹理　金属烤漆板　金属镂空板

亚克力板　金属穿孔板　金属穿孔图案　光面金属压纹板

千思板　金属镂空板　金属凹凸竖纹板

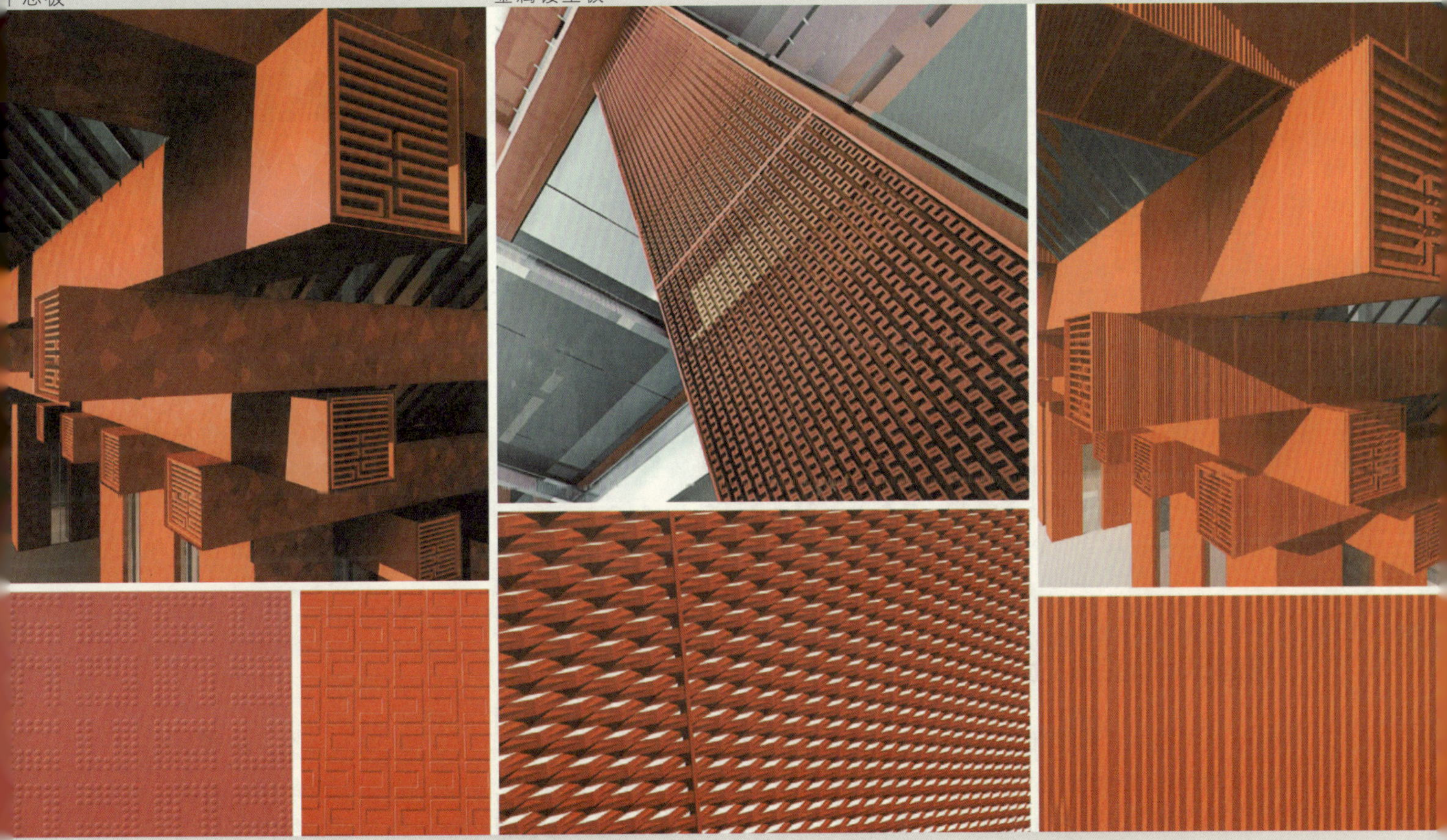

金属压纹板　金属网纹板　扇纹肌理

中国馆外墙方案比选

图01 新九州清晏屋顶花园
图02 地铁与中国馆位置关系图
图03 剖面示意图

图01

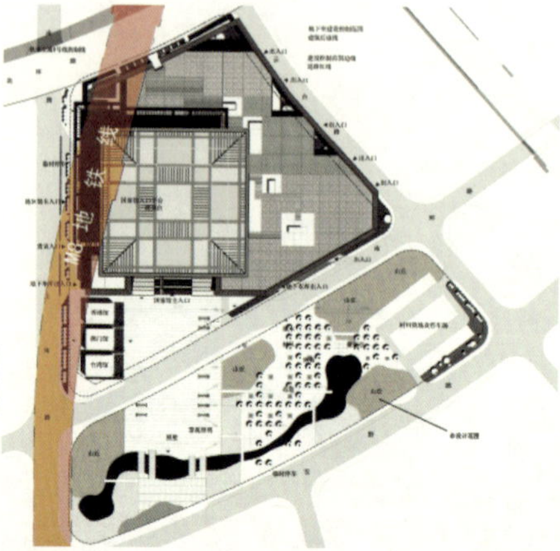

图02

大跨度展馆上的“新九州清晏”屋顶花园

地区馆是在国家馆“福荫”之下水平展开的大跨度展示空间。在世博会期间，每个省、直辖市、自治区，均有600m^{2}的展区，地区馆在世博会后将转型为会展功能。因此，地区馆采用的结构为大跨度36m×27m，以适应现代展览的要求。而在大跨度结构之上，有以“新九州清晏”为主题的大型屋顶山水园林，其概念来自于圆明园的九州景区。“九州清晏”寓“河清海晏、天上升平、江山永固”，以园林景区的排列表达国土山河的瑰丽。为此在园林设计中要堆山造湖，还要种植几百棵大型乔木。这对设计团队的结构工程师而言是一个不小的挑战。实施中采用的是钢筋混凝土柱、钢桁架梁、压型钢板与钢筋混凝土组合楼盖。

跨越50m地铁站上空

总平面调整后的中国馆，其地区馆裙房的西北角，跨越了已经建成的上海地铁M8线地铁站，跨线部分建筑内有2层的夹层，而地铁的顶面离室外地面最小处仅有1.8m左右。而为了保证M8线的正常运行，地铁的安全空间是绝对不能突破的。在地铁站建筑外围周边包括上空，还要留出缓冲保险距离。也就是说，在跨越地铁站的区域，约50m内不能立柱，水平方向由地面算起往下仅有1m多的结构高度，这按通常的梁板结构形式是不可能实现的。最终的结构解决方案是在这一区域把13m的地区馆高度都作为结构高度，采用通高大桁架跨越地铁站上空。不仅如此，为了让中国馆的外部环境更加纯净开阔，把原来立在广场上的地铁风亭也纳入了建筑设计中。现在国家馆四个支撑核心筒中，西北角的核心筒就同时兼作M8线的地铁风亭。

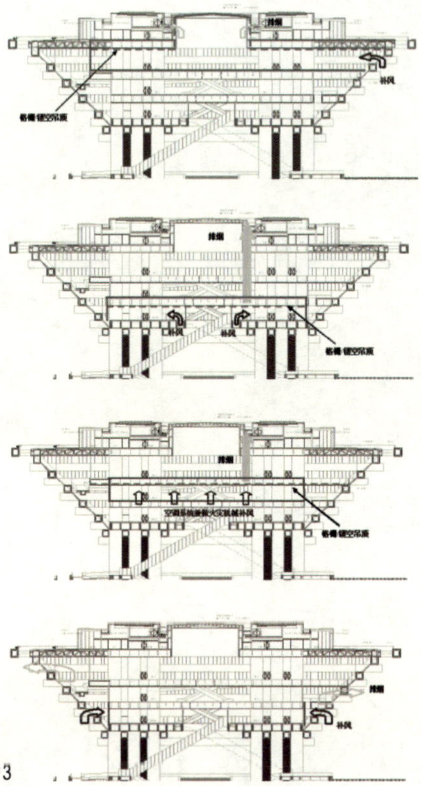

图03

消防难题的技术解决

中国馆实施方案中，国家馆主馆是架在空中的大跨度展示空间，在技术上最早遇到的挑战就是消防法规。按建筑物的高度划分，本建筑属高层建筑，按照现行消防规范，建筑内部的展厅面积已超出相关条文的限制，但按本项目的展示功能，强行划分成面积过小的多个消防分区，展示效果将大打折扣。为此，本项目在消防排烟、人员疏散、自动灭火系统等方面均进行了加强，结合展品区域的布局，进行了综合的消防性能评估。通过火灾电脑模拟，最终确认了消防的安全，而采取的措施也与建筑设计紧密结合，如建筑立面层层向外出挑的带有“篆”字装饰的红色“椽子”构件，有一部分就是消防排烟的进出风口。

结语

中国馆作为2010年世博会中国主场馆，融贯中国文化和世界先进技术的东方之冠，凝结了建设团队的心血与智慧。几十次的交流与方案修改，不同材料数种纹理的多次对比选择才造就了全球惊叹的中国馆。在平日的工作中，我们也曾面对繁复的图纸修改，我们也曾抱怨过，但当丰硕的成果呈现在世人面前时，我们倍感欣慰。这或许就是建筑师的精神——以诗人的浪漫情怀创作，以严谨的治学态度研究，以军人钢铁般的意志解决问题。街道旁、山野中，一栋栋的房屋便是我们的“孩子”，面对它们，我们笑逐颜开。(本讲所有资料来源为华南理工大学建筑设计研究所。中国馆设计单位为：华南理工大学建筑设计研究所、清华安地建筑设计研究所、上海建筑设计研究设计院)。

中国城市化发展与规划设计潮流

China Urbanization Development and Planning and Designing trend

LECTURE 3
中国城市化发展与规划设计潮流
China Urbanization Development and Planning and Designing trend

2010.6.17

录音整理：高月
Record and Text by Gaoyue

开篇语

今天我们很荣幸邀请到华南理工大学赵红红教授来“筑原学堂”跟我们做一个有关规划设计的讲座。刚刚和赵教授聊天，挺高兴的。我是北林(北京林业大学)毕业，后来在清华深造；赵教授是在清华本硕连读上来的，这样也算得上是校友。而且赵教授是全国风景园林专业硕士专业学位教育指导委员会委员，经常到我们北林去，同时跟我的一些同门师兄弟来往特别多，这样一来觉得非常有缘，所以今天我们很期待赵教授的精彩讲座，希望今天的讲座给我们在设计过程中带来一些新的理念与思潮。

赵红红

华南理工大学教授、博士生导师 / 国家一级注册建筑师 / 国家注册城市规划师 / 城市规划与环境设计研究所所长 / 国务院政府特殊津贴专家

研究方向

亚热带地区城市(城镇)规划、城市设计理论。

主要作品和业绩

主持完成的教学研究项目“建立具有岭南特色的建筑学人才培养模式”获得1996年广东省优秀教学成果一等奖，1997年国家优秀教学成果二等奖。获建设部科学技术委员会、中国房地产及住宅研究会和《中国建设报》联合评出的2003年度“中国房地产十佳建筑影响力设计师”。2006年1月获世界房地产研究会GRI、建设部科学技术委员会、中国房地产协会开发委和《中国建设报》联合评出的“影响中国十大公建设计师”。负责设计的佛山市荣山中学校园规划及教学主楼、体育馆，获佛山市优秀设计一等奖，广东省优秀设计三等奖。

本讲主要内容

快速城市化的中国
经济全球化的影响
本土化设计的潮流
中国城市发展进程
建筑设计行业建议

图01

中国的城市化与美国的高科技发展将是深刻影响21世纪人类发展的两大课题

——诺贝尔经济学奖获得者斯蒂格利茨(Stiglitze)

今天我想讲五个方面的内容，主要是规划方面。虽然我拿的是建筑学的硕士学位，实际上做的工作还是规划和城市设计多一些，我想从这个角度和大家做一下交流。在交流的时候，因为我们是做建筑为主的，请大家思考三个问题。第一个就是这个行业的未来走向与发展，好还是不好？第二个是设计的困惑和我们目前遇到的挑战，这些大家在工作中都会遇到。第三个问题，建筑设计之路在何方，接下来的路该怎么走？

这三个问题我将在下面的讲话中为大家解答，首先来看看我们现在面临的一个大环境，就是快速城市化的中国对我们设计行业来说意味着什么？

图01 广州市区中心
图02 深圳市区中心
图03 拥挤的城市空间

图02

快速城市化的中国

当前的设计行业处在一个快速城市化的大环境中，整个中国正处于一个人口城市化高速发展的阶段。现在有史可考的西方城建史大概是五千年，我们中国是三千五百年。无论中国也好、西方也好，纵观历史，已往没有一个国家或地区会在短短的20年内要有三到四亿的人口城市化。所以美国的经济学家说，中国的城市化会影响人类的发展。

中国城市化速度

中国改革开放三十多年，经济发达地区的城市化进程相当于西方发达国家100-150年的进程。1949年城市化水平只有10.6%，1978年城市化水平只有21.0%，2001年城市化水平达到36.9%，2005年城市化水平达到43.0%，2009年城市化水平达到46.0%。我们深切感受到，深圳1978-2008年仅仅30年，从一个7000人的小镇发展成为如今800万人口的现代化大城市。

从世界经济发展来看，中国在加入WTO的五年里，从第六经济大国上升为第四。世界银行公布的2005年全球GDP排名情况，中国以2.229万亿美元的总量，超过意大利和法国，并略微超过英国，成为全球第四大经济体(见附表)。预测再过十年，中国的经济总量将超过德国。实际在2008年，中国已上升为第三经济大国，预测到2011年，中国经济总量将超过日本，成为世界第二经济大国。事实上，我们在2010年已经超过了日本。预测再过二十五年，中国经济总量将超过美国。目前是中国发展的最好时期。

当然，由于我们是人口大国，中国的人均指标仍然很低。世界各国人均GDP排名(最新IMF2009年4月)，排名第一的是卢森堡(Luxembourg)，人均为113043美元，美国是第15名，人均GDP为46859美元，我们中国是第106名，人均GDP只有3315美元。可见，我们的发展仍然任重而道远。

图03

附表：2005年全球GDP排名

排名	国家	GDP(万亿美元)
1	美国	12.455
2	日本	4.505
3	德国	2.781
4	中国	2.229
5	英国	2.192
6	法国	2.110
7	意大利	1.723
8	西班牙	1.123
9	加拿大	1.115
10	巴西	0.794

图01

中国城市化规模

当今中国的城市有668座，城镇大概有1.8万个，比1949年城镇数量增长5倍多，此外，还有集镇5万多个。前些年的一个统计数据显示，中国的建筑量相当于全世界的一半，北京上海的建筑量相当于一个欧洲。这是根据什么计算的呢？就是根据我们水泥、钢材、煤炭的消耗量得出的结论。中国的建设支出已经接近16%，支出的7%以上都是支柱产业，所以建筑业是一个巨大的行业。这些图片来自上海的、北京的，还有我们广州的高层建筑，广州少一点，大概是8000多座高层建筑，北京和上海大概是1万～2万座。在未来的20～30年内，中国将要达到一个中等发达国家的水平，其中一个标志就是城市化人口的标准达到75%。我们知道，发达国家大概是85%～88%，为了支持中国未来实现现代化的总体进程，从现在起到21世纪中叶，中国城市化率将从现在的43%提高到75%左右。每年平均增加1%左右的城市化率(即每年有1000万～1200万人口从乡村转移到城市)，将有3亿～4亿人从农村进入城镇。目前全国有400亿m^2建筑，到2020年还要建设300亿m^2，300亿m^2是什么概念？就等于我们还要再建一个中国！

图02

图03

图04

图05

图01　上海高层建筑
图02　广州高层建筑
图03 ~ 图05　北京高层建筑
图06　“一线天”的城中村
图07　广州广园路高架道路景观
图08　中国最佳投资环境城市——大连

图06

图07

中国城市化快速进程对城市的影响

中国城市化快速进程对城市既有正面影响也有负面影响，正面影响表现在：经济快速增长、快速步入小康社会、城市环境改善、建筑水平提高；负面影响表现在：帝国情结、城市大改造、环境大尺度、建筑大跃进；在设计师方面，设计师处于非常时期：通宵达旦、熬夜加班、抄袭模仿、粗制滥造、知识剽窃……

处于城市大发展的时代，作为设计师，我们是幸运的，但我们也要思考如何从纯粹的模仿向创新转变，当我们迅速富裕起来后，如何提高我们的文化修养是重中之重。图6所示是海珠区的城中村，这里的房子是“握手楼”“一线天”。图7所示是广州广园路的高架路，丑陋的城市道路景观。这些都是我们快速城市化带来的一系列城市问题。当然，我们也看到中国的城市建设正在经历从模仿向创新的转变，时代要求我们中国必须研究城市化和城市规划管理规律，搞好国家各项建设，在国际上树立一个对人类发展负责任的大国形象，为社会经济的可持续发展作出贡献。

图08

经济全球化的影响

信息技术和网络技术的普及应用，使我们进入了全球化的时代。 经济全球化是指各国之间在经济上越来越相互依存，各种发展资源(如信息、技术、资金和人力)的跨国流动规模越来越大。全球化是一把双刃剑，它既是挑战又是机遇，既带来了社会风险，又能使社会财富进一步增长。这种大环境的发展对建筑师也有着深远的影响。

国际设计师的影响

由于观念和技术上的差距、自信心的缺乏，在重大建筑、城市规划设计项目竞赛招标上外国建筑师一度独领风骚。这从近年国际项目竞赛招标结果可见一斑：国家大剧院“鸟蛋”——法国建筑师安德鲁、CCTV大楼“鸟腿”——荷兰建筑师瑞姆库哈斯、国家体育场“鸟巢”——瑞士建筑师雅克赫尔佐格、国家游泳中心“水立方”——中澳联合设计等。

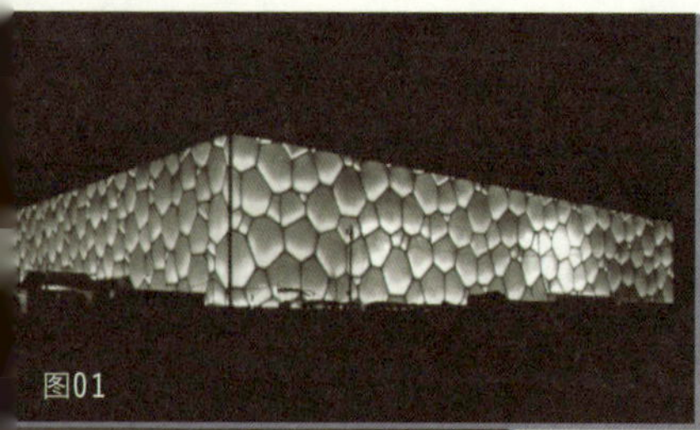
图01

图02

图03

图04

图05

①海心沙
②歌剧院
③广州市第二少年宫
④广州市图书馆
⑤广东省博物馆

图06

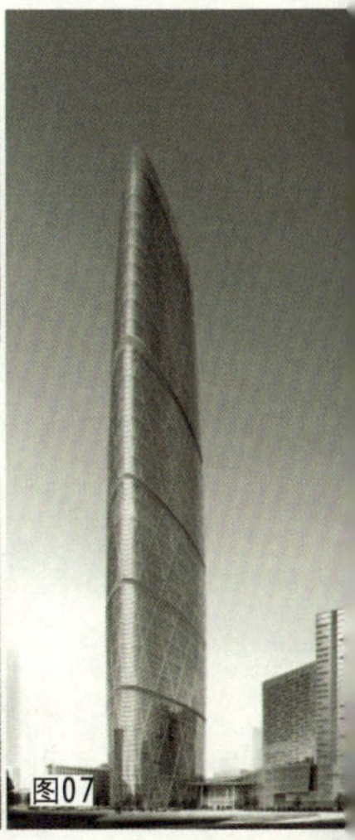

图07

图06所示是广州的珠江新城，里面的建筑东塔、西塔、歌剧院、图书馆都是国外大师的创意。珠江新城中轴线的规划当年做了国内咨询招标，有4家单位参加，而我带的团队中标了。我们将80m的直线改成腰鼓形，目的是加大绿地面积。我们提出了很多概念：不建天安门，广场要平民化、生态化，绿地面积达到70%以上。我们将零散的小地块，还有绿地指标、停车指标都集中在这宽200m的绿化带上。①是海心沙岛，我们定义为广州的庆典广场，(②～⑤)是四大公共建筑。图09歌剧院是扎哈·哈迪德的作品，现已建成，要表现这两块“石头”的概念很费劲，见仁见智，有说好的，有说差的，扎哈·哈迪德这几年中标作品不少，她的非线性做得不错。现在中国的设计师也在做这种设计，其中马岩松玩得最多，我觉得大公司也的确需要几个这样的人才。

图08

图09

图01　国家游泳中心
图02　国家大剧院
图03　CCTV大楼
图04　国家体育馆
图05　瑞姆库哈斯(荷兰建筑师)
图06　广州珠江新城
图07　广州西塔
图08　扎哈·哈迪德(英国建筑师)
图09　广州歌剧院

中国建筑师迅速成长

事实上，在快速城市化的过程中，我们也欣喜地看到，国内的建筑师在迅速成长。他们通过自己的努力和参加一些国际交流，使得自身的设计水平得以提高。越来越多的中国面孔展现在世界人民面前。而中国的重要项目的国际招标也不再是国外设计师一枝独秀，2003年11月举办广东省博物馆新馆建筑设计国际邀请竞赛中，严迅奇的“首饰盒”中标，它是采用钢筋混凝土剪力墙加钢桁架悬吊结构体系，创造了两项世界之最：一是跨度最大的悬吊式结构；二是在2万吨总用钢量的钢结构中，钢架整体重量达8千吨。另外，崔凯的安阳殷墟博物馆，张在元的广州生物岛，张永和的长城公社，马清远的宁波老外滩、天一广场，朱锫的阿联酋首都阿布扎比、古根海姆博物馆附属建筑，以及马岩松的加拿大密西沙加布地标建筑“玛丽莲梦露大厦”（The Absolute Tower）都是中国建筑师的杰出代表作品。

图01

图02

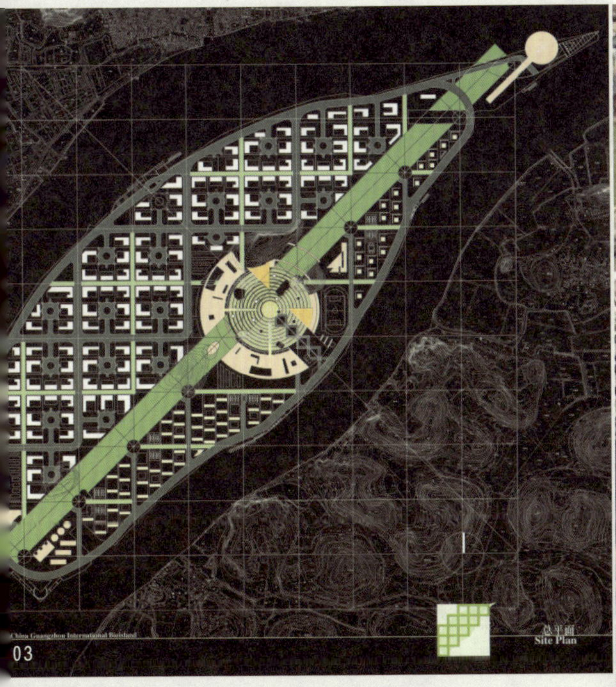

03

图04

图01　广东省博物馆设计模型
图02　长城公社
图03　广州生物岛
图04　玛丽莲梦露大厦

图01

图02

本土化设计的潮流

现代主义设计思想以模式化的语言、产业化的速度影响着全世界，改变了世界建筑的基本形式和城市面貌，形成了国际化的风格和标准。国际化形式的普及，对民族和地域的建筑风格和创作手法产生强烈的冲击。而地域的、民族的文化风俗也是人类文明财富的重要组成部分，它们具有历史性、多样性。这种国际化与民族化、全球化与本土化之间的矛盾引起了人们对是坚持现代主义的国际式风格还是发扬本民族的文化特色这一问题的重新思考。

图03

图04

图05

进入21世纪，随着中国经济的快速增长，中国大国地位的提高，中国国民的自主意识增强，人们对传统文化重新认识，产生了强烈的自信和认同，并通过多种形式继承和发扬。地域特色设计反映了一定区域的建筑特征，它不仅受当地的地形地貌、自然气候条件和当地建筑材料的影响，还因各地居民意识形态、伦理道德、审美观念、民俗风情等方面的不同而呈现相异的特征。贝聿铭的北京香山饭店、苏州博物馆设计就是中国传统江南园林建筑形式与现代技术材料结合的典范。

图01、图02　北京soho
图03　中国传统建筑中的飞檐
图04、图05　苏州博物馆一角
图06　北京香山饭店

图06

图01

“批判的地域主义”的灵感来源于特殊地区悠久的历史和文化，根植于特殊地区的地理、地形和气候，有赖于特定地区的材料和营建方式。南昆山十字水生态度假村就是批判的地域主义、本土化空间形式的代表。这个度假村是在对自然、环境、地方文化充分保护和尊重的理念指导下进行设计的。这个设计获得“绿色环球21可持续设计达标评估”认证和“美国景观设计师协会2006年规划荣誉奖”。

南昆山十字水生态度假村

度假村建在两条溪水的交汇处，所以叫“十字水”。从外面通往接待大堂的路上有一座竹桥(真正用竹子做的桥，不是伪竹桥)，是阿根廷竹子设计大师SIMON设计的，全世界有三座，这个是亚洲唯一的一座。除了两个桥墩是混凝土结构外，其余都是用竹子做的，竹子的端头是非常容易烂的，但这位设计师设计了一个很精致的铜节点把竹子给连接起来。走过竹桥到接待大堂入口，是一座竹亭，亭子左边可以进大堂，右边可以进餐厅，亭子后面是活动中心，接着就是客房。

时值夏天，山下最为炎热的时候有三十多度，山上只有二十几度，非常凉爽。可以不用空调。度假村分为山景别墅、河畔别墅、泮溪套房别墅，全部建筑都是用竹子做的屋顶。泮溪套房别墅两边是房间，中间是客厅，里面是用竹材、鹅卵石、夯土墙、回收瓦等自然材料建造。山景别墅的配备为五星级标准，号称不用任何化纤材料，全部都是用棉、丝、竹等材料。除此之外度假村还有一座很有特点的风雨长廊，以及一些小的景观小品。整个度假村与周围的自然环境相得益彰，是个很清新、舒适的地方。

图02

图01　南昆山十字水生态度假村入口大堂
图02、图03　竹桥
图04　度假村客房
图05、图06　富有本土化气息的节点处理

3

图04

图05

图06

01

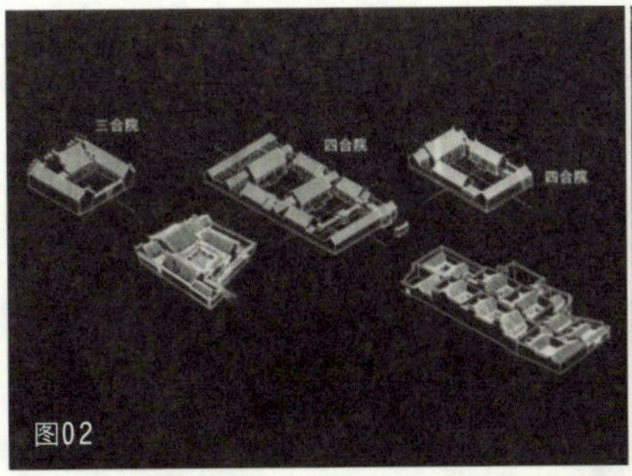

图02

图03

图04

中式住宅设计

20世纪80年代开始探索中式风格的住区，著名的有合肥的“琥珀山庄”，苏州的“桐芳巻”和北京的“菊儿胡同”。进入21世纪，开始从更高层次探索中式住宅设计。北京的“观唐”，上海的“九间堂”都是很好的设计。然后就是上海提出的新东方主义的人居思想，其实就是把我们中国传统文化思想经典的东西，重新让它在生活中、建筑中体现出来。中国建筑的特点，就是中轴对称、主次分明、围合内向、注重风水。实际上做这些中式的东西，如果你对中国传统文化完全不懂，肯定做不好。北京观唐(楼盘)卖得特别好，其实它不是完全的北京四合院。万科第五园(深圳)，它属于现代中式，也卖得很好。除了老人，现在一些年轻人、小孩也很喜欢现代中式，包括一些中式的装修。在中式住宅设计方面做高层最难了，中国人古时候最多住两层高，现在做高楼了，怎么办呢？广州的云山诗意的开发商选择了徽派设计，他们注重的不仅仅是一个形式的问题，而且特别注重中国文化氛围，像中国的三字经、诗词、雕塑等，都放在了架空部分，对居民产生潜移默化的影响。

图01　北京 观唐
图02　中国传统院落式居住空间序列
图03 ~ 图05　广州——云山诗意
图06、图07　深圳第五园

图05

图06

图07

图01

图02

图03

图01～图03　大一山庄效果图
图04～图06　北京奥林匹克公园的中国元素
图07～图09　北京新保利大厦

大一山庄邀请国内著名建筑师担当设计，试图打造建筑艺术的博物馆。大一山庄一共有七十多栋，这是我前几年做的其中几栋，如图01～图03。我想表达的是东南亚风格，要适合亚热带气候，这个地方的规划要求的是每个别墅能够临水。我去现场的时候，发现其实地形有个8m的落差，我没有推这个土坡，而是利用这个落差做了一个流水别墅，水从高处流下来，从住宅前面流过……然后从这边修一些栈道，从二楼上到平台在这里修心养性。我的设计强调对大自然四季(春、夏、秋、冬)，四时(晨、午、晚、夜)的体验与感悟。由于这个地块东边是山，看不到日出，能看日落，所以我做了个亭子，通过电梯上去，有一个观景亭。但后来这个创意被取消了，开发商觉得会侵犯周边居民的隐私，很遗憾。

图04

图05

图06

图07

图08

图09

中国元素的应用

随着中国国际地位、政治地位的提高，中国元素在设计中应用越来越广。图04~图06北京奥林匹克公园，设计师在中轴线上的下沉广场景观规划中采用了大量的中国传统文化元素，应用现代材料技术，进行了一次景观环境的本土化尝试。北京新保利大厦是美国SOM公司设计的。SOM做的宝塔形象的上海金茂大厦已成为中国本土文化的一个典范。保利大厦整个建筑高100m左右，建筑面积約11万m^2。这个建筑有几个地方我觉得做得不错，一是结构好，有别于其他公司。玻璃幕墙是世界首席柔索玻璃幕墙，90m高、70m宽单层双向点式柔索幕墙，版幅之巨雄踞世界首席；幕墙采用强韧钢索连接，此技术国内首次采用。二是平面图很简单，空间设计很简练。图08是中庭，第一摩天中庭，无立柱大堂，90m高，进去以后阳光照进来，非常漂亮。第三是特式吊楼。大堂内悬浮式特式吊楼，建筑手法国内首创，设计灵感源于中国古代灯笼造型，保利艺术博物馆设于吊楼内。第四是外立面采用国内首例竖向遮光百叶，保证冬季的日照与夏季的阴凉，并使外立面充满质感。这种做法影响了北京很多建筑，包括金地大厦等。不过这种竖向遮光百叶的形式、比例和色彩的产生跟它旁边南新文化街古粮仓有关系。图09竖向的遮光百叶与古粮仓屋顶瓦垄相互协调，表达了设计师对北京地方文化的尊重。最后一个就是空中流水花园的设计，花园设置于22、23层，种植耐寒常青植物，创造四季美景。大厦前设立30m高立体流水雕塑，璀璨水幕辉映90m高摩天玻璃幕墙，营造动静相宜的视觉美学景观。

在设计中本土化的设计理念不断加强，这个说明了我们设计师也正在思考与反思。下面我们也来一起思考，中国城市发展的趋势以及所带来的一些机会。

图01

中国城市发展进程

中国城市仍处于物质环境发展阶段

我们说一个城市就像一个人一样，有生长期、成熟期……中国二三线城市建设处于生长阶段，人口迅速膨胀，产业急剧增加，新开发是满足空间需求的主要方式。沿海经济发达城市建设进入成熟阶段，城市物质环境的功能失调和物质老化问题突出，再开发成为满足空间需求的主要方式。城市物质环境的演化以内部重组为主，中国大多数城市采取内部空间重组和向外扩展两种方式。中国的旧城改造的背景与发达国家不同，城市中心区没有出现衰退的现象，反而是房地产开发最热的地段，所以照搬国外旧城改造的方法是错误的、不科学的。

例如图01是我在白天鹅宾馆顶层餐厅俯拍的荔湾广场，简直就像从沙面、西关大屋老城这里冒出的大怪物。这是早期的香港住宅开发模式，都是高密度的，经常出现停水停电等一大堆社会问题。所以在老城区出现这个怪物，是个很失败的案例。

城市规划建设现状

就城市规划建设现状来看，这里有几点是值得关注的：①城市规划建设重视公共空间、生态环境质量。②城市的基础设施水平不断提高。最近关于旧城改造的一系列项目成为了规划设计的热点，包括商业步行街、滨水空间开发、公园绿化、城市广场、街道家具、环境雕塑、建筑再循环(旧厂房、旧仓库改造)以及城市设计 、灯光夜景规划建设等。同时，我们也看到，在城市不断扩张的条件下，一些新的规划方法开始出现战略发展规划、概念性规划(资源、生态环境评价，发展定位，空间模式结构)等，设计类型涵盖了公园设计、新城市中心、大学新校区、科技软件园、大型购物中心(Shopping Mall)、大型郊外居住区等。③房地产开发状况，在这里我们要看到几个趋势，第一就是居住郊区化，主要是由于交通通讯条件的改善，土地价格优势及环境优势所造成的。第二就是开发规模化，从市区最多几百亩土地的开发发展到郊区上千亩甚至上万亩的开发规模，形成新城的出现。第三就是设计概念化，从学校、会所概念发展到体育运动、养生保健、休闲、亲子、农庄等开发主题和概念。

图02

图03

图04

图01 广州荔湾老城区
图02~图04 三里屯Village入口标志建筑

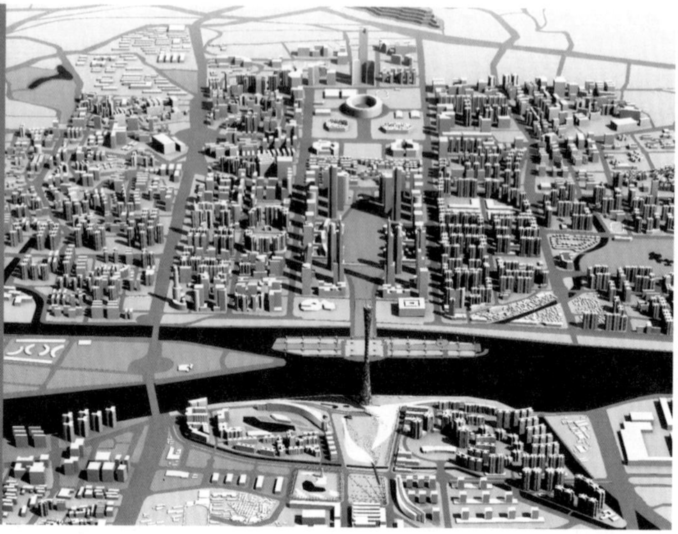

广州珠江新城中轴线鸟瞰

城市开发策略

不同的城市开发策略也带来了不同的开发机遇，成为目前设计的焦点，主要包括以下几点。

1.SOD(service-oriented development)大型公共设施引导开发模式：通过大型公共服务设施的建设作为增长点，带动土地高效有序开发，例如广州的珠江新城。

2.TOD(traffic-oriented development)公共交通引导开发模式：凭借区域内交通干道带动新城的整体开发，依托公共交通体系带动各个组团的开发，避免“摊大饼”式的发展。

3.EOD(ecology-oriented development)生态环境引导开发模式：经验表明，环境设施建设是保证规划实现的前提条件，只有环境优美的地区才会吸引投资，留住人才。充分保护生态与合理利用生态资源，创造“绿色财富”，并以此提升整个新城的品位，从而提高生活质量。

4.创意产业兴起：21世纪不再是工业经济时代的规模决定一切，也不再是信息革命时代的技术万能，而是创意经济的时代。人的创造力、想象力、创意成了核心，以北京“798工厂艺术区”为代表，中国城市积极推进创意产业。北京、上海、广州等城市都在积极推进文化创意产业的发展。

5.文化建设“盛世古董，乱世黄金”：国际著名企业都以投资文化艺术品、建博物馆为荣。未来城市之间的竞争将从物质建设的竞争转向精神文化品位的竞争。

6.技术策略：技术策略反映了设计行业的发展趋势，主要包括信息资源共享、数字城市、生态技术的应用以及节能技术的运用等。就广州而言，广州市每年新增建筑面积约0.1亿m^2，符合节能要求的只有5%；广东省目前既有建筑面积约10亿m^2，符合节能要求的占不到1%，在当代节能低碳的设计潮流之中，技术显得尤为重要。

建筑设计行业建议

回头再看看开始我们提出的三个问题：

第一个就是建筑行业未来的走向。我们现在可以得出结论：①建筑设计的竞争日益激烈。现在建筑设计公司越来越多，建筑建好后还要后期服务两年，所以建筑行业竞争很激烈，投标很困难。而城市设计不同，现在很多做建筑设计的转行做城市设计，这也是市场的需求，所以说城市设计方兴未艾。②景观设计则前途无量。因为现在政府有钱了，开始关注城市环境质量、可持续发展等一系列问题，可以预见，未来景观设计市场将会越来越庞大。

第二个问题就是建筑设计的困惑与挑战。我想主要是两个方面的思考：第一就是国际化与本土化，第二就是除了空间我们还能做什么？现在很多人看不起做建筑的，说我们什么都不会做。为什么呢？外壳，是请材料公司幕墙公司做的；室内，都是室内装修公司做的。“内衣内裤、外衣外套”，都是别人做的，我们就弄了个空间。所以我觉得我们要增强设计的内涵，不光是做个壳，我们要提高技术和内涵。我对大的设计企业有几个建议，一是要走专业化道路。一些企业，无论是体育场还是厕所都做，很不专业，现在一些大的房地产公司都不找不专业的设计公司，因为不能提供技术和服务的保障。所以必须走专业化路线，像SOM一样，别人就是做不了；第二点就是要有创意和想法，要会玩曲线，二维的、三维的等。还有一点是本土化、地域化，是从民族感情和传统上来思考，这也是未来建筑发展的趋势。

第三个问题是建筑设计的路在何方。我觉得现在建筑设计必须注重以下几点：项目的公共关系处理、项目的实施管理服务、项目的全过程介入(包括策划、规划、设计、引资、开发)、项目的技术合作交流 ，这应该是以后建筑设计行业发展的主要方向。

与大师对话

Q1：您说我们要走专业化道路，我们这个行业是牵涉各个专业的，这和您说的专业化是不是有矛盾呢？

赵：其实所谓的专业化不是把所有专业都分割开来，而是大家合作。比如我知道的有些外国公司他只做一个方面，非常专业化，他们接到任务想一想，心里就有数了。当年有位国内设计师去了香港公司就是研究立面的，比如说外墙贴石材，贴到最合理、最省材料、最漂亮……所以说我们应该发挥每个人的优势把它做到更专业。再比如让你做石材的拼缝，怎么拼、怎么接你不一定知道怎么做，但是某一位特别强，就应该让这个人来做，这样才能把一个项目做得更好……

Q2：现在广州都在做“三旧”改造，旧村庄、旧城镇、旧厂房，因为前两者这个“水”比较深，我想很多开发商不会去涉足，现在就一个旧厂房的问题，很多开发商很乐意拿钱去补这个差价，来做房地产开发项目。这涉及几个问题，第一个是您是否会认为广州“三旧”改造变成广州开发商的一个棋子；第二个问题，是这个“三旧”改造中的一些用地性质的变化是否会对原来的城市规划产生影响；第三个问题，是现在全国都在强调节能，全国都在强调低碳，我刚刚也在您的PPT内看到屋顶绿化和垂直绿化对建筑节能有一定作用，屋顶设置绿化是否要对它的建筑结构进行加强？这就涉及了节能与成本之间的关系，这一点是如何权衡的？

赵：这个提问很有意思，既有宏观的又有微观的，我觉得我们建筑师应该有这样的能力，看问题要宏观，也能落到节点、细部。而这些微观上的问题，像屋顶绿化可不可以推广呢？我们也处于不断摸索中，广州气候非常好，植物很容易生长，但是用什么样的植物和用什么样的土能让它生长好，其实选用最多的是佛甲草 ，因为比较便宜。屋顶绿化其实最关键的就是防水处理，屋顶绿化要增加多少造价，我这里没有这个数据，我们有人在做这个研究，造价是肯定会增加的，所以屋顶绿化推广起来有些困难。一般来说呢，国外是依赖政府，鼓励你或是强迫你去做，政府给政策、给补贴、给优惠，我这几年一直在大力呼吁广州的屋顶绿化、垂直绿化，我非常高兴，几年的呼吁，至少是广州的过街天桥都做了绿化……

“三旧”改造对于房地产开发来说肯定是个机会，首先“三旧”改造是只有广东省才有的政策，而且这个政策是非常宽松的，因为我们房改以后不允许工厂或有土地的大单位自己去开发，也就是我们所谓的房地产开发，但是这个政策可以合作开发的方式，这样可以释放一部分土地，还有一个政策可以改变用地性质。工业转成房地产商业，这些土地性质改变了，这在过去是不能的，你要改变土地性质比登天还难。但是他有各种各样的条件，有一批是不能动的，只能改造出租。大家现在都知道，政府实施土地控制，拿地是越来越困难了。土地面积是国家控制的，在城市里一次不能拿超过7万m^2的土地，这是建设部去年新规定的。土地量受限制，地价也受限制，比如说昨天拍下来的楼面地价已经是7000元/m^2了，广州的房价怎么能降得下来！所以房地产都盯这块(“三旧改造”)，但是现在很多政策，人家都没弄明白，所以说这里面有很多要研究的。

用地性质的改变肯定会和原有的规划有一定的冲突，政府成立了“三旧”办，其权力非常大，导致现在规划部门有些为难了，比如说佛山是“三旧”改造的试点，当用地性质及容积率要改时对原来的规划有很大的冲击，普遍容积率都提高了，有人说“三旧”改造这样改的话就变成了新的城中村了……新的机构与旧的规划体系有很大的矛盾，现在还在协调……

Q3：从赵教授您个人的角度来看，除了空间，我们(建筑师)还能做些什么？

赵：其实我们各方面应该都能做，国外的建筑师是从室外到室内，从地块规划到建筑做到底的，我们现在不能太弱了，应该强一点，光会画方案还不够，我们还应该在材料、技术、景观、室内设计等方面都要有自己的发言权……

结语

从开始到现在已经讲了两个多小时，看到大家还精神抖擞，求知欲望还那么高，让我感觉到你们就是未来的希望，我很欣慰；同时也感觉到筑原这个团队非常活跃，朝气蓬勃。由于时间关系，今天跟各位的交流就到这里。我想以一个问题带给大家思考的形式结束本次讲座：在中国城市快速发展的时代，在“全球化”与“本土化”的设计潮流碰撞的时代，设计企业的路在何方？设计师的路在何方？

台湾建筑考察记

Investigation Report of Taiwan Architecture

LECTURE 4

台湾建筑考察记

Investigation Report of Taiwan Architecture

2010.7.19

录音整理：陈姗

Record and Text by Chenshan

开篇语

台湾，中国的第一大岛，位于祖国东南沿海。从古至今，中华文明的精髓不断影响着台湾文化。建筑文化作为众多文化的一支，更是一脉相传。然而因为众所周知的原因，两岸处于长期的隔绝之中。如今，海峡两岸一衣带水，建筑考察交流与合作也日渐紧密。我们对于台湾建筑界的认识已不再是雾里看花水中望月。

2009年12月，中国建筑协会以宋春华部长为团长组织了一次台湾建筑考察。这次考察活动由北京出发，抵台后经台北、南投、台中、垦丁、台东、花莲、宜兰，环绕台湾岛一周。此行参观考察了台湾建筑并与台湾建筑师进行了交流。

这次我们非常荣幸地邀请到台湾建筑考察团的孟建民先生为我们介绍台湾之行的见闻感受。

孟建民

中国建筑设计大师 / 中国建筑学会常务理事 / 国务院政府特殊津贴专家 / 深圳市建筑设计研究总院有限公司总建筑师 / 深圳勘查设计行业协会会长 / 华南理工大学、东南大学、天津大学、哈尔滨工业大学等国内著名学府名誉教授 / 全国注册建筑师考试委员会专家 / 深圳市专业技术资格评审委员会主任委员 / 中国内地与香港建筑师资格互认考官。

研究方向

文化建筑与医疗建筑的研究与实践。

主要作品和业绩

深圳基督教堂 / 合肥政务中心办公楼 / 广东省委办公楼 / 合肥渡江战役纪念馆 / 深圳西部通道口岸旅检大楼及单体建筑 / 云天化集团总部办公楼、科技楼 / 合肥政务中心办公楼 / 张家港市第一人民医院 / 深圳市滨海医院 / 云南省博物馆新馆 / 安阳图书馆博物馆 / 玉树地震纪念馆 / 合肥美术馆 / 合肥要素大市场 / 盐城市博物馆。

本讲主要内容

台湾印象
台湾建筑概况
台湾建筑界代表人物
台湾建筑作品

(后排左九)李祖原
(中排左二)宋春华 (中排左三)惟觉禅师
(前排左二)汤朝晖 (前排左四)孟建民 (前排左五)朱小地

时间：2009年12月

地点：北京、台北、南投、台中、垦丁、台东、花莲、宜兰

团长：宋春华

团员：刘景樑 唐仪清 朱文一 朱小地 孟建民 何锦超 许世文 赵元超 王洪礼 李兴钢 钱方 马震聪 蔡昭昀 汤朝晖 简宇航 朱翌友 栗铁 朱铁麟 王欣 田炜 郑实 傅英杰 温景春 赵文花 米祥友 陶金芬

考察目的：交流 互动 学习

台湾印象

抵达台湾，考察团一行对台湾的第一印象可用一个“净”字来概括。空气清新、水体明净，城市街道透明度也很高。近年来台湾社会对于环境的保护十分重视，台湾现代建筑的发展也正是基于民众对于自然环境和文化生态的关注。

台北街景图

图01

图02

图03

台湾建筑概况

自1945年“二战”结束以来，台湾的发展受到中国大陆从社会、政治、文化、经济等各方面带来的巨大影响。但随着全球化进程的不断加速及台湾社会的快速发展，台湾建筑走上了与大陆截然不同的道路。

早年受政治局势的影响，台湾社会处于封闭状态长达40余年。在此背景下，中国传统文化在台湾被奉为正统。但墨守成规的保护态度使得台湾当时的建筑风格走向形式主义的复古。

1951年起，美国文化以经济援助为契机悄然进入台湾文化圈。当时的大学毕业生多数赴美深造，建筑界亦是如此。如台湾著名建筑师李祖原(普林斯顿大学建筑硕士)、汉宝德(哈佛大学建筑硕士)、陈迈(麻省理工大学建筑硕士)、黄永洪(耶鲁大学建筑硕士)等均曾求学美国并在美国建筑事务所任职。他们有着较深的国文造诣，熟悉西方现代建筑设计手法，并致力于现代建筑的本土化。发展至1990年，台湾的公共建筑与空间不再停留于形式上对本土化的探讨，而是转向对地域性的社会意义与内涵的诉求。

)4

以1999年9月21日发生于台湾中部地区规模为7级的9.21集集大地震为转折点，台湾建筑师寻找到了新的创作方向。他们亲身体验了过度开发所引发的灾难，他们目睹了人类在自然面前的孱弱。在重建活动中，他们开始更多地关注社会、环境、社区问题。而2003年，由政府发起的“地貌改造”则是以“可持续发展”为基础，针对台湾公共空间和环境改善作出的相应措施。很多建筑师投身于一个地区的建设，生活也完全融入其中，他们以为草根阶级服务为出发点，希望建构地方空间，重塑地方文化。

本讲将介绍台湾近现代老中青三代建筑师，他们的设计哲学与代表作品构成了台湾建筑的过去、现在和未来。

图01 台中科学博物馆(设计者:汉宝德)
图02 彰化县地方产业交流中心改造(设计者:邱文杰)
图03 台北101大楼(设计者:李祖原)
图04 丢丢当森林(设计者:黄声远)
图05 罗东新林场

图05

台湾建筑界代表人物

李祖原
汉宝德
邱文杰
谢英俊
黄声远
夏铸九

李祖原

台湾著名建筑师。1938年出生于广东，1961年获台湾成功大学建筑系学士，后远赴美国求学，1966年获美国普林斯顿大学建筑艺术学系硕士。李祖原一生致力于研究继承中国传统特色的新建筑，以具象设计、微物放大的设计手法扬名全球。他主持设计的“台北101大楼”曾是全世界最高的摩天大楼。1994年李祖原回大陆开拓业务，成立了上海大原咨询有限公司，随后成立了北京办事处、沈阳办事处。近年，李祖原在大陆也主持设计了多项工程，包括亚奥核心区的盘古大观(北京)、方圆大厦(沈阳)、法门寺合十舍利塔(西安)及2010上海世博会台湾馆等。

汉宝德

台湾建筑界教父式人物
1934年出生于中国山东日照
获得美国耶鲁大学建筑学硕
和美国普林斯顿大学艺术
士，1960-1970年曾任台湾
海大学建筑系的系主任，现
台湾宗教博物馆馆长。主要
品有台中博物馆。汉宝德先
一生奉献于台湾的建筑教育
业，著作颇丰，著有《建筑
精神向度》《中国建筑文化
座》等，对台湾建筑理论和
筑师的培养具有重要影响。

3文杰

湾淡江大学毕业，美国哈佛学建筑暨都市设计硕士、大学乙设计工程有限公司设计监，本“设计精神”为初，设计案件以“小而精”为则，在国际建筑界较为活，累计获得三次台湾建筑、两次远东建筑奖、中国建奖及2007年获选全球华人青建筑师奖，并于2007、08年分别代表台湾参加香港-圳建筑双年展及威尼斯建筑年展。作为台湾新生代的建师及建筑事务所，邱文杰带他的设计团队多次参加台湾建筑竞赛以扩大公司规模和计种类，并向中型公共建筑展。

谢英俊

台湾淡江大学建筑系毕业，擅长就地取材、提出自己的设计思路，并组织和指导部落内的失业人员自己动手盖房，创造出“永续建筑与协力造屋”的概念。2002年获第三届远东杰出建筑设计佳作奖，2004年入围联合国最佳人居环境奖，台湾9.21地震后，参与灾后重建。2009年5.12汶川地震发生后，谢英俊携其工作室同仁投入到灾区重建中。他们提倡协力造屋，提出永久农宅、社区(农村)农民自建方案，并发展出一套适应四川灾区特点的“冷弯薄壁型钢架屋结构体系”。重建方案施工简便，灵活性强，造价低廉。谢英俊不求张扬，讲求平实，注重建筑的可持续发展。这一点值得大陆年轻一代建筑师反思。

黄声远

1986年毕业于东海大学建筑系，1991年获得耶鲁大学建筑硕士学位。擅长景观建筑。曾于洛杉矶Eeic O.Moss建筑师事务所任项目协理，随后于北卡罗莱纳州立大学建筑系任助理教授，回国后曾任教于淡江、华梵、交通大学建筑系，1995年起以中原大学建筑系为教学重心，持续往返宜兰、中坜，身兼“教育部”公共艺术、台北市都市设计审查委员，以及宜兰县都市计划、公共艺术、历史空间、小区营造审议委员。

夏铸九

1975年获耶鲁大学建筑硕士学位，之后就读于哈佛大学获都市设计硕士学位。1987年于伯克莱加州大学获建筑学博士学位。目前是台湾大学建筑与城乡研究所教授兼所长。台湾社会研究季刊社成员，曾任该社总编辑及社长。主要专长为建筑与都市规划的理论与历史研究、政治经济学取向的都市社会学与建筑社会学等。夏铸九是台湾国民党高级将领的儿子，年轻时比较反叛，曾经在报纸上声明要断绝父子关系。他长期投身批判性的建筑与规划教育，致力理论与实践结合，关心台湾的都市运动与社会动力。

台湾建筑作品

李祖原

——以世界的语言诠释中国传统文化，以世界技术传承东方精魂。

在李祖原先生的陪同下，考察团一行参观了由李祖原先生设计的台北101大楼及南投中台禅寺。李祖原先生所主持设计完成的许多作品，在建筑结构、美学理念，以及实用性等各方面，遭遇了毁誉参半的评价。然而，在李祖原先生陪同参观完他的作品后，本抱着批判态度的考察团一行却对他及他的作品大加赞赏。

台北101大楼

图01

台北101(Taipei 101)，又称台北101大楼，在规划阶段初期原名：台北国际金融中心(Taipei Financial Center)，是目前世界第二高楼(2010年)。来到台北101大楼所处的信义区，令人惊奇的是台北101在一片建筑物中鹤立鸡群，其他建筑仿佛消失了一般。这与现今世界多数大都市高楼大厦鳞次栉比的情况截然不同。或许正是因为如此强烈的反差，使得台北101成为台北乃至台北人心目中真正的地标建筑。

台北101大楼极具李祖原式的独特风格。建筑整体采用了中国“塔”的概念，并参照中国古塔的意象分为八个层段，每个层段由八层楼组成。但若完全按照“塔”的形态层层收缩，建筑的使用率将大大降低。李祖原先生考虑到这点，将建筑设计成向上展开的样子，不仅保持了建筑的使用率，而且依然保留了“塔”的意象。仔细观察建筑的细部，铜钱、如意等中国传统的符号都以具象夸大的形态出现于建筑外墙及室内装饰构件上。诚然，建筑界对于李祖原如此将金钱与佛两个符号具象化地融入到现代建筑中的做法褒贬不一，李祖原先生倒是自嘲地说自己是俗到家，这是既不耽误挣钱，又不耽误信佛。台北101在结构形式上也做到了力与美的完美结合。大楼整体形态对抗风非常有利，结构以八根大柱及中间核心筒为主体，外围仅做构造柱，有利于空间的灵活布局和建筑造型的处理。

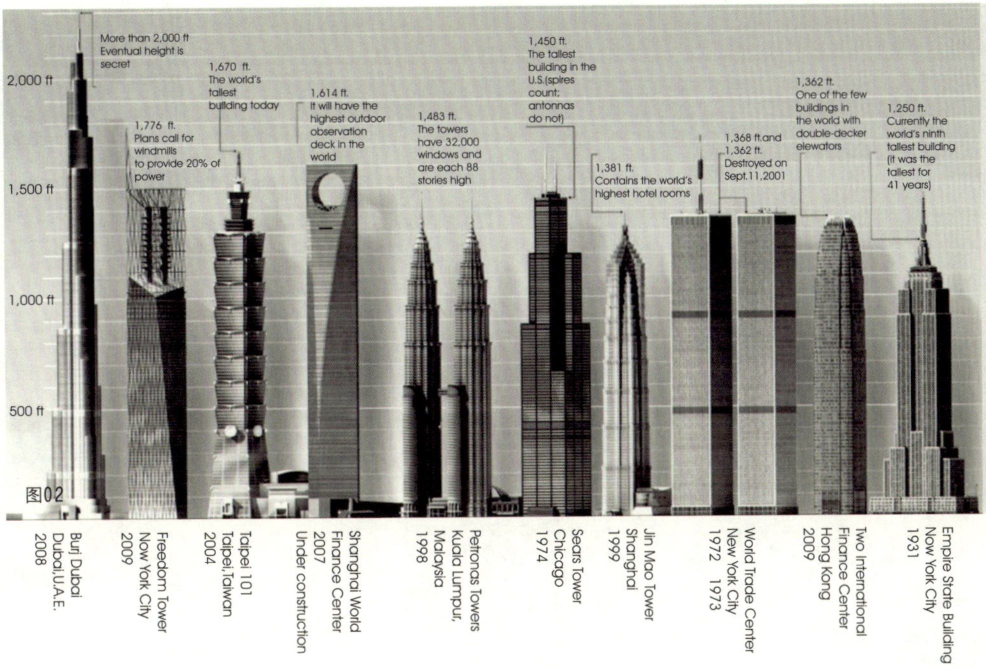

图02

图01 台北101大楼航拍图
图02 世界不同时期的最高建筑
图03 101大厦鹤立鸡群

图03

目前，世界各地建造超高层建筑蔚然成风，各国各地均以此来昭示技术力量的强大。台北101正是被高约828m的迪拜塔(阿联酋迪拜)所超越。兴建超高层建筑对于工程技术创新的作用无可厚非，然而对于人类社会是否有现实意义就值得商榷了。

李祖原事务所

在台北，考察团一行还参观了李祖原先生的事务所。李祖原于1978年回台湾创办了李祖原事务所。历经几十年的拼搏，如今李祖原事务所已是台湾著名的设计公司之一。事务所面积不大，装潢比较简约，利用率却相当的高。每个建筑师的办公空间不大，桌面上堆满了图纸资料和书籍，而架子上则摆满了建筑模型，可见事务所承接项目之多。这些模型恰恰浓缩了李祖原多年来一直追求的目标——将东西方文化在更高层次上融合。

台北101在大楼内设置了“调谐质块阻尼器”，是在88至92层挂置一个重达660吨的巨大钢球，利用摆动来减缓建筑物的晃动幅度。这个阻尼器是全世界唯一开放供游客观赏的阻尼器，更是全球最大的阻尼器。在顶层的展示厅也随处可见由阻尼器和铜钱演化而来的灯具、装饰图案。李祖原先生正是以一种符号不断地出现强化而形成了他独特的建筑风格。

图01

图02

图03

图04

图05

图06

图01　101大楼及周边地块模型
图02　李祖原事务所室内
图03　101大楼内阻尼器
图04～图06　101大楼内部空间
图07、图08　中台禅寺
图09　巴西白玉

中台禅寺

位于南投县埔里镇——新里的中台禅寺也是李祖原表达其建筑哲学的另一巨作，并于2002年获第23届台湾建筑奖。它一改传统寺庙平面布局的院落形式，以现代高层建筑形态演绎禅宗道场。建筑整体以主楼及裙楼组成，佛事功能集中于主体大楼内，天王殿、大雄宝殿、光明殿、万佛殿等主要殿堂分别位于不同的楼层。建筑的顶部是以金色莲花宝座托起的金顶，宛如禅师的帽子，侧面则树立一根金杖，远望禅寺犹如一位禅师于群山之中静心打坐修行。建筑檐口都饰以金光灿灿的巨型莲花花瓣，李祖原便是从佛教中抽取莲花座这一鲜明的形象作为建筑符号反复地运用于建筑中，从而将特定的文化内涵借由现代建筑的躯体鲜活起来。令人感叹的是五层的佛国净土世界，佛像乃至天花墙体地面均采用巴西白玉，在设计独特的灯光映照下，殿内一片清明纯净。置身殿堂之中，仰望纯白的佛像，仿佛灵魂也随之净化。

图07

图08

图09

李祖原先生认为，中国文化中“形”很重要。只有通过“形”的表达才能诠释其背后蕴含的“意”。由此，我们从李祖原先生近年在大陆主持兴建的多个项目中，均可发现他对“形”的具化的多次运用和对传统元素的提炼。虽然对于这些作品业界褒贬不一，但李祖原先生的哲学理念和对中国传统文化的执着是值得年轻一代建筑师学习的。

图01

保留，回望伤痛的剧场

——9.21地震教育园区

地震，对于大陆人来说，本是仅存于书本中、媒体上的词语。然而，5.12汶川大地震让我们目睹了大自然可怕的力量，意识到人类的孱弱。现今距5.12大地震已有两年之久，伤痛得以平复，家园得以重建，然而十年百年之后是否还有人记住这段历史，记住大自然给予我们的重创？

1999年9月21日台湾发生7.3级的强烈地震，给台湾带来了巨大的人员伤亡和财产损失。地震发生后，政府将台中县雾峰乡光复国中断层隆起的灾区现址规划改建为“9.21地震教育园区”，在此建立一座博物馆来保留这段沉痛的记忆。主持修建该项目的是台湾新生代的建筑师邱文杰。当他在现场看到被毁的校园，在被大自然的强大力量所震撼的同时，他决定以“保留”作为设计主旨，建造一座让人们回望伤痛的剧场。

图02

图03

图01　园区主入口
图02、图03　园区内保留地景

图01

图02

图03

园区入口是一座横跨公路的桥梁。桥面标有刻度与地震波的图案，一场沉重的剧目拉开帷幕。走入园区，映入眼帘的并不是气势磅礴的大型建筑，而是坍塌的校舍、撕裂的跑道，这些都被完整地保留下来。博物馆则摒弃传统的钢筋混凝土结构，以结构为针，钢索为线，刚柔并济地将大地的裂痕缝合起来。博物馆因地就势，顺应地质变化后的地貌形态蜿蜒曲折前进。透过通透的玻璃维护体系，人们驻足凝视灾后遗留下的断层、废墟以及那些在废墟中顽强生长的绿意。

邱文杰以低调的切入，对残破地景的真诚保留，对断裂、残破的补强，给予一个收纳痛苦过往的场所。

图01　地震博物馆入口
图02　地震博物馆概貌
图03～图05　地震博物馆室内
图06～图09　地震破坏地形保留

图04

图05

图06

图07

图08

图09

绿色生活 永续之美

——台北国际花卉博览会

随着工业化的推进，田野森林逐渐被钢筋水泥建造的石头森林所取代。地震、海啸、洪水、干旱无不昭示着自然世界对于我们的警示。随着文明的发展，人类由挑战自然逐渐转向追求文明与自然的和谐共生。人类对于自然，对于绿色的渴求促使了国际花卉博览会的创办。

2010年台北获国际授权，成为亚洲第7个承办国际花卉博览会的城市。2010台北国际花卉博览会(以下简称台北花博会)以“彩花、流水、新视界”为主题，提出三大设计理念。

理念一：表现园艺、科技与环保之技术精华。

理念二：达成减碳排放及3R(Reduce，Reuse，Recycle)之环保目标。

理念三：结合文化与艺术之绿色生活。

图01 场馆屋面太阳能板
图02 墙面绿化
图03、图04 园内服务小建筑
图05、图06 园内绿化

图01

图02

图03

图04

台北花博会由圆山公园区、美术公园区、新生公园区及大佳河滨公园四大展区组成。除了园区内原有的建筑和展览馆，台北市政府新增了6座展览馆，包括生活馆、未来馆、梦想馆、舞蝶馆、风味馆及流行馆。

2009年12月，虽然花博会现场还未完工，但基本建成的几座展览馆和小建筑以其独特的形态及绿色技术的灵活运用给考察团一行留下了深刻的印象。

图05

图06

图01

图02

图03

图04

图05

图06

生活馆、未来馆、梦想馆位于新生公园区内，运用多种绿色技术，旨在以建筑本身作为绿色生态理念的实践，并以此作为展现绿色科技，提升市民环保意识的场所。三馆建筑造型以曲线为主，姿态蜿蜒起伏。建筑材料以钢木等可回收利用材料为主，并覆以垂直绿墙。建筑以低调的姿态融入园区，以绿植花海建构富有层次感的绿意空间。在建筑屋面及入口天棚等处，顺应日照方位配置了太阳能光电板，发挥可再生资源的最大效能。

舞蝶馆与风味馆位于美术公园内，均由金光裕建筑师事务所负责设计。舞蝶馆馆内可以容纳1200位观众，将作为台北花博会颁奖典礼及文化艺术表演的活动场所。舞蝶馆贴合花卉之意象，结合台湾传统竹篮的编织纹理(六角与三角形的组合)设计为蝶蛹的造型。屋面以明暗相间的中空板，透过光线的照射，仿佛无数只蝴蝶翩然起舞。半开敞的空间通风良好，有效地节约了能源。

图01 场馆外立面垂直绿化
图02 花博会生活馆、梦想馆、未来馆模型鸟瞰
图03 场馆顶棚太阳能板
图04 木结构
图05 舞蝶馆全貌
图06 舞蝶馆室内
图07 风味馆概貌
图08 风味馆连廊
图09 风味馆局部
图10 风味馆室内

风味馆以六朵花瓣相叠交错的牵牛花为意象，利用钛锌板构成特殊的花瓣线形构造。为了呼应园区的整体建筑形象，风味馆也采用半开放的空间形式，延续舞蝶馆的竹编纹理作为维护体系。风味馆将作为纪念品贩售、花卉工艺品展示及咖啡轻食餐饮等功能区。人们可以于此将绿意盎然、花色满园的景色尽收眼底，享受悠然的下午茶时光。

台北花博会以花卉为主题，展览建筑独特而不张扬，与花博会主题相呼应。相信此届花博会必将令人们重新体味花香蝶舞的自然意趣。

图07

图08

图09

图10

图01

悼念故人，欢愉今人

——中正广场

中正纪念堂位于台北市中，占地24.79万m^2，为纪念蒋介石于1976年(民国65年)建造。经多番筛选，终选定由杨卓成的和睦建筑师事务所提交的设计方案。全区包括中正纪念堂、中正纪念公园、牌楼、瞻仰大道，大道两侧为剧院及音乐厅。中正纪念堂屋顶采用天坛宝蓝琉璃瓦顶。墙壁为白色大理石，庄重肃穆。而国立音乐厅和剧院则是黄色琉璃瓦歇山顶，红色柱廊，喜庆热闹。戏剧院及音乐厅常邀请到国内外知名乐团、音乐家、舞蹈家等举办晚会或演出。

图01 中正广场“大中至正”牌楼
图02 音乐厅
图03 剧院

图03

如今，中正广场已渐渐成为台北市民文化休闲活动的重要场所。台北市会在每年的元宵节在此举行台北灯会。在广场上便形成了悼念故人与今人欢庆共处一地的情景。这种布局的出现必然是有其政治背景的，但也值得建筑师思考。城市设计乃至建筑设计都是以当下的社会、文化、经济为基础的，但作为有责任的建筑师应尽力避免在城市中出现冲突明显的怪诞场景。

图01

图02

图03

图04

观溪听雨，逍遥居

——张大千纪念馆

张大千纪念馆位于台北市士林区外双溪，原称“摩耶精舍”。摩耶源自佛教典故，意谓释迦摩尼佛之母摩耶夫人腹中有三千大千世界。张大千自美国返回台湾后，台北政府便将外双溪边近2000m²的土地赠予张大千作为自宅所用。张大千先生于1976开始设计建造摩耶精舍，历经2年完工。张大千先生在此完成了《晴麓横云》《秋山图》《水竹幽居》《湖山隐居》《庐山图》等传世之作。张大千先生辞世之后，家人遵先生之遗愿将摩耶精舍捐赠给政府，后由台北故宫博物院建立张大千纪念馆。缘此考察团得以游赏大师故居。

图01　张大千纪念馆谷歌航拍图
图02　张大千纪念馆平面图
图03　张大千纪念馆后花园
图04　影娥池游鱼
图05　张大千纪念馆溪畔花园
图06　花园内老树
图07　梅丘

图05

图06

图07

摩耶精舍为两层四合院式建筑，中间为天井。临近外双溪则是大师苦心经营的后花园。园中花草繁茂，曲径通幽。园中有清池一方，卧石上刻有“影娥池”三个字。穿过“影娥池”是两座凉亭，名曰“翼然”与“分寒”。遥想当年，张大千先生在此观溪听雨，一派悠然自在的景象。别处还有“考亭”一座，是为闲时呼朋引伴烤肉畅谈之处。亭内还摆放了数个盛四川泡菜的坛子。园内梅影绰绰，灼灼妖娆，转而见一方巨石挺立，题刻“梅丘”二字。梅，清傲高洁者，素来是先生所爱，乃至先生辞世后便长眠于梅丘之下，日夜与梅为伴。

图01

图02

姿态的力量

——朱铭美术馆

朱铭美术馆位于台北县金山乡，由台湾知名雕塑家朱铭创办。与其他美术馆所不同的是，朱铭美术馆不仅是一座陈列作品的场馆，还是一座青山绿水的公园。朱铭先生最初买地不过是为他的作品找一个“家”，然而在建造过程中他却发现立于绿地之间的雕塑独具风韵。因此，一座依山傍水的雕塑公园诞生了。

穿梭于园内，各式雕塑与青草绿树交相辉映，别有一番意趣。美术馆蕴藏着老艺术家毕生的创作和对艺术的执着追求。徜徉于众多的艺术品中，朱铭先生多样的艺术风格和对各种材料的运用自如，令考察团一行收获良多。

朱铭早期以乡土主题，如“牛”“牧童”等雕刻出名，近期则以融合了中国哲学如“太极”等的现代雕刻闻名。他的创作不仅简练明快，而且善于发挥各种材质的特性；不仅具有很强的现代感，而且继承了中国传统雕刻的精髓，创造出一种与自然浑然一体的精神境界。20世纪70年代以来，他先后创作了《太极系列》《运动系列》《人间系列》等作品，在国际上产生了重要影响。

图01　朱铭先生
图02　朱铭先生青年时代制作雕刻时的照片
图03~图09　朱铭先生历年作品

图04

图05

图06

图07

图08

图09

朱铭先生从15岁开始，随庙宇雕刻师李金川学习传统雕刻技艺，在近三年的学徒生涯中，朱先生练就了纯熟的雕刻技法，打下了良好的基础。1968年，他又拜雕塑家杨英风为师，逐渐在雕塑界崭露头角。到80年代，他独自一人到美国发展，国外的游学经历开阔了他的国际视野，令其事业再创巅峰。一路走来，朱铭不断地以不同的工具和方式与材料沟通，形成了自己的风格。作为建筑师，我们也应思考将自己定位在什么风格上。对于现在年轻一代建筑师，40岁之前可以说还未开始创作之路，应当脚踏实地地练好基本功。等40岁以后走向60，70，80岁的过程中才能融会贯通逐渐形成自己的风格。而风格并不是一种固定的形式，而是一种内在的气韵，一种可以将自己的理念和个性表达出来的途径，是代表自己的符号。

图01

图02

图03

在园内，可以发现各种材质创作的作品，有泡沫倒模的“三军”系列，有不锈钢管扭转而成的抽象人像，有海绵铸铜的情侣，有石雕的太极系列，充分展示了各种材料的特性。朱铭先生创作的雕塑体态丰富，而脸部的刻画却十分简洁甚至模糊。如“三军”系列，与真人同大的军人姿态各异，有拄着拐棍的，有跳伞的，有列队行礼的，但他们的面容仅仅是以简单的线条来表达。他们的形象并不威猛，甚至还有些动漫的意味，这也正是朱铭先生独特的风格。发展到不锈钢扭折这一系列，朱铭先生往往只注重作品的形态表达，或坐或立，或相互依偎，连面容也省略了。到近期的“太极”系列，仅以宽袍大袖的姿态展现太极之姿，乃至到太极后期作品甚至连人的姿态都无从看出，只余太极行云流水的气韵。正当太极系列臻于极致之时，朱铭却毅然放下一切赴美游学。如果说之前朱铭的作品充满中国意蕴，待朱铭赴美后，在东西方文化的冲撞和融合下，朱铭找到了新的创作方向，便产生了《人间系列》。朱铭的最新作品《人间系列·游泳》以游泳为主题，以不锈钢为材料，上以白色颜料，却没有一个雕塑呈现游泳的姿态，他们大多是在岸边嬉戏或是在做准备活动。虽然参观的时间有限，但从朱铭多变的风格中可以看出，他一直奉行的创作理念便是强调姿态的力量，丢掉固有的形式，只留下返璞归真和绵延不绝的精神气韵。

图01~图07　朱铭先生历年作品

图04

图05

图06

图07

结语

虽然台湾之行仅有短短几天的行程，但我们从台湾建筑和建筑师身上寻找到了许多闪亮点，如李祖原先生之于现代建筑的本土化，邱文杰先生之于对地景的尊重，台湾花博会之于与自然的和谐共生，朱铭先生之于艺术家自身风格的培养等。希望这些亮点可以指引我们这一代建筑师在未来的建筑道路上发现自我，展现个性。

师法自然
营造植物景观

Plants Landscapes Built with Imitation of
Nature to Bring the Nature home

LECTURE 5
师法自然 营造植物景观
Plants Landscapes Built with Imitation of Nature to Bring the Nature home

2010.9.21

录音整理：周晓亮
Record and Text by Zhou Xiaoliang

开篇语

今天我们非常荣幸请到了浙江农林大学风景园林与建筑学院院长包志毅给我们分析一下园林植物景观。包教授从2000年开始就把研究的重点转向了植物景观。经过这些年的学习和研究，他对植物景观深有体会和感悟。今天包教授将主要给我们分析植物在景观设计中的应用，如何“师法自然，营造植物景观”。希望大家从中认识到植物景观的重要性。

包志毅

教授、博士、博导 / 浙江农林大学风景园林与建筑学院院长。毕业于北京林业大学园林学院，师从中国工程院资深院士、北京林业大学教授陈俊愉先生 / 浙江省“151”人才 / 在清华大学景观学系教授植物景观规划设计课程(2006-2007)。

历任杭州植物园副主任、浙江大学教授、浙江大学园艺系副主任和园林研究所常务副所长 / 任高等院校园林专业教材编写指导委员会委员 / 浙江省风景园林学会副理事长 / 杭州市风景园林学会副理事长 / 浙江省花卉协会专家委员会主任 /《人文园林》主编 /《中国园林》《风景园林》编委。

研究方向

植物景观规划设计等领域的科研和教学。

主要作品和成绩

已培养硕士和博士研究生50余人 / 主持的中国花卉博览会“之园”设计获得金奖(2001) / 发表学术论文50余篇，其中SCI论文6篇，主编参编著作10余本，主译《世界园林乔灌木》巨著，在园林植物和植物景观规划设计领域具有广泛影响。

本讲主要内容

植物景观的重要地位
植物景观典型案例分析
师法自然的植物景观设计

植物景观的重要地位

城市园林绿化是城市唯一具有生命的基础设施，园林绿化的基础主要是植物材料。因此，植物景观在风景园林建设中具有特别重要的地位与价值。

构造室外空间

户外空间主要由两大要素构成。一是地形要素，二是植物景观要素。大的地形改造，实施起来难度大、成本高、工期长。因此植物在构造室外空间方面往往起到主导作用。

植物种类繁多——变化万千

园林植物种类繁多、变化万千，可以营造非常丰富的园林景观。植物的花、果、叶、枝、皮、根、形、味、香、音都可以形成丰富的景观效果。全世界的高等植物有30万种，树木有15万种，中国的树木有8000多种。所以说植物是景观设计中最为复杂、最为重要的材料。种类和变化如此丰富的景观植物，通过不同的组合便可营造出多种多样的景观效果。

在园林中所占的数量和面积最大

在户外空间设计中，植物覆盖的面积和占有的数量往往是最大的，比如说公园设计，植物种植面积会达到70%以上。在面积大的生态公园、风景名胜区、森林公园中，植物所占比例会更大。所以说植物景观在我们的项目中往往占有的空间最大、数量最多。如果在我们的项目里占数量最多、面积最大的植物景观没做好，那么这个项目将会是不成功的。

改善和保护环境的主体

在改善和保护环境中，植物景观是非常重要的，以前景观设计讲究的首要是美观，然后是功能。现在我们的景观设计第一个要解决的问题是怎样营造一个好的环境，这才是我们景观设计的首要任务，而不是单纯的美。

在地球遭到破坏，环境越来越恶化的背景下，改善和保护环境显得越来越重要。人到了植物茂盛的场所，噪音听不到了，空气质量提升了，湿度合适了，温度也下降了，就会感觉到很舒适、很放松，所以说植物在改善和保护环境方面起着决定性的作用。我们营造的景观绝大部分是在城市空间里面，城市是缺少自然的，我们就要靠植物来改善环境，创造自然的空间。

野生动物的生存基础

植物是生态系统的基础，为众多野生生物提供觅食、栖息的环境。我们不仅要在城市中创造宜居环境，更要保护现有的郊野自然环境，以利于整个地球生态系统的营建。植物和植物景观是野生动物生存的基础。杭州城市中的珠颈斑鸠，以香樟种子为主要食物，而鸟类栖息树木为香樟、桂花等常绿树。

植物景观的价值还在于能够体现地域特色，如今城市高楼林立，少有特色，不同地区就可以用不同的乡土植物来体现其地域特色。

第一，可以体现地域气候特色。如我国的北方、江南、华南、西北的气候特色就可以在植物上体现出来。

第二，可以体现城市特色。比如青岛，是一个滨海城市，我去青岛的八大关、鲁迅公园，发现有两种树是很多的，一种是黑松，另一种是龙柏。为什么这两种树比较多呢？因为这两种树是抗海潮风的，海潮风带盐，很多树被海潮风一吹就枯萎了，只有龙柏和黑松不怕，这就把这个滨海城市的特色体现了出来。

第三，体现社区环境特色。很多房地产项目都是用项目内的主题植物命名的。如桂花城、玫瑰园、棕榈园等。

植物景观随着时间产生变化

植物景观随着时间变化，可以形成丰富的景观变化。植物变化有快有慢，我把植物景观的变化按时间尺度分成四类。比较短的尺度是一天之内的日夜变化，再长一点的是一年四季的变化，再长一点的就是几十年的变化，更长的是几百年上千年的变化，古树名木就是历史的代言人。比较小的空间，我们经常会注意植物的日夜变化。如小花园的设计，我们就可以依据植物的开花时间进行细节布置。尺度较大的空间设计，我们会考虑到植物的季相变化，比如公园、房地产项目。区域性的空间设计、尺度更大地区，我们就注意二十年甚至五十年以后的景观变化，然后跟人的生命去比较，就形成了岁月的概念。更长的，有的树木的寿命可达万年以上，这样的植物景观会成为历史，并成为一个地区的象征，所以说植物景观可以记载季节、岁月、历史的变迁。

包容文化内涵 形成主题意境

中国对植物文化研究非常深入，有很多诗词都是描写植物的，梅、兰、竹、菊各有寓意。比如我们说起梅花，就会想起“疏影横斜水清浅，暗香浮动月黄昏”，说到菊花就想起陶渊明的“采菊东篱下，悠然见南山”。外国的植物应用种类也很多，但是文化色彩就不像中国那么强烈。中国被誉为世界园林之母，每种植物都有很深的文化内涵和寓意在里面，我们可以加以利用，由此可形成主题。

植物用于命名，在中国也是非常普遍的，如景名、园名、楼名、社区名等。园林植物也是传播自然知识，开展科普教育的良好媒介。

所以植物在中国的影响已经形成了一种文化，我们在景观设计中可以利用植物的文化内涵，塑造出一些不同的主题景观及意境。

生产和经济功能

除了观赏功能，植物还有生产和经济功能。随着城市化的发展，城市用地在整个国土面积里占用的比例越来越大，城市里大概有30%左右是绿地，再加上环绕城市的郊区带，还有国家风景名胜区、森林公园、湿地公园等，实际上提供给我们的园林绿化用地范围越来越宽，占用的面积越来越大。如此之大的绿地范围我们不仅仅只用来改善环境，满足人类的功能需要、美学需要和活动需要，实际上它还具备生产和经济能力，可以生产花卉苗木、食品和饮料、药材、水果蔬菜等。

很多植物可以作为花卉生产的材料，还有很多植物具备很高的经济价值，比如桂花、石榴、荔枝、椰树、茶树等。

植物景观典型案例分析

由前述可知植物景观的重要性。植物景观既然这么重要，我们具体做的时候应该考虑哪些因素呢？下面用一些典型案例来详细分析。

环境因素（空间、光照、水分、风向、坡度、土壤……）

黄山松的形态与环境因素

我去过黄山两次，收集了一些案例。那里的黄山松很有意思，最出名的就是迎客松(图01)和送客松(图02)，不过很遗憾，送客松已经枯死。我们可以看到很多黄山松的形态都各具特色，迎客松是单侧生长，送客松弯向一个方向，有的松没有“头”(图03)，更奇怪的是有的松树是向下生长的(图04)。

图01

图02

图03

图04

图05

图06

黄山松的景观形态都是由于环境因素影响造成的。迎客松(图01)旁边是一个很大的花岗岩，没有生长空间，所以只能向另一侧生长。而送客松(图02)长在风口，风总是往一个方向吹，挡风的枝条由于生长不好枯死了，只有方向跟风向一致的枝条存活下来，形成了送客的形态。这棵“无头松”(图03)则是因为生长在山顶，而山顶经常打雷，“头”被雷打掉，没有生长点了，最终形成这种奇怪的形态。有些松(图04)向下生长，是因为生长的地方很高，风也很大，越向上生长受到的冷风越大，只有留在下面贴着岩石的枝条可以存活。

我们再来看看另一些黄山松(图05、图06)，因为生长地比较平缓，有充足的土壤和水分，种子就很容易长成小苗，小苗数量很大，要想生长就要抢阳光，长得又直又高的就存活下来，长得歪而慢的就被淘汰了。所以这里的黄山松又高又直，是成片的森林景观。

高密度下的生存竞争

广州流花湖公园的蒲葵堤

植物之间是存在相互竞争的，流花湖公园的蒲葵堤路的蒲葵很奇怪，一共六排，中间两排向中间的道路倾斜，外面两排向水面倾斜，剩下两排则哪里有空间往哪里钻。

为什么会这样呢？当时的设计师设计这条堤路的绿化时选择了蒲葵。因为当时蒲葵苗比较小，种的密度就很高，大概1.2m到1.8m一株，蒲葵长大后叶子是很大的，空间不够了，就向有空间的地方生长，就形成了这种特别的景观。

这就给了我们一个启示：如果有意识地去控制密度，就会引导植物景观形成分化，植物会寻找自己的空间，也就会形成自然的分化效果。

地域性景观

广州珠江公园——荫生植物专类园

不同的地域，植物景观的特点是不一样的。如广州珠江公园、华南植物园都会有荫生植物专类园。

荫生植物来源于南亚热带森林下层的大叶植物。这种植物景观在北方地区和江南地区难以营造，在华南却很容易，因为它跟华南的气候条件是相适应的。

在华南地区，温度高、湿度大，大叶子的植物就很多。而在北方地区温度低，又干燥，水分蒸发快，植物的叶子就小。所以在华南就可以做荫生植物专类园，这是华南地区特别的地域景观。

极端气候

厦门植物园南洋杉大草坪(台风——极端气候)

2002年，我去厦门植物园考察，在南洋杉大草坪看到了几株长得很有型的树，原来10年前有个大台风登陆厦门，把很多树都吹倒了，经过10年才慢慢恢复，就形成现在这个样子。

一个城市的主导树种与极端气候相关，主要乔木树种的选择如果不考虑极端气候，一旦碰到灾害性天气，就很可能会全军覆没，所以说植物景观还要考虑到极端的气候条件。

立地条件的改造和限制（地下水位、微地形……）

杭州花港观鱼公园

杭州花港观鱼公园里有一棵很有意思的广玉兰，当时设计的时候想把广玉兰作为这个区域的骨干树种，因为广玉兰是不耐水湿的，而这里的地下水位高，所以就抬高地形，形成微地形。开始时广玉兰的根没碰到水，就长得很好，时间一长，根系碰到水，就向上面生长，形成了根系暴露在外面的特别景观。

中国画里画古树的时候，很重要的诀窍就是把根画出来，说明树老了。广玉兰因为地下水位高，根露在外面，虽然只有60年树龄，但在现场看起来还是很有震撼力的，让人觉得它不是人为设计的，是自己长出来的，这就是“虽由人作，宛自天开”。

所以有时候立地条件有所限制，植物景观会有特殊表现。有时候虽然不能满足植物生长的所有条件，但是适当的限制，植物景观反而会产生特殊的面貌。

植物景观的特色与主题

杭州曲院风荷公园

杭州的曲院风荷公园，特色就是荷花和水生植物。由于荷花夏天开放，且天气比较热，所以植物景观设计上就注意到草坪空间要小，因而这个公园是杭州公园中草坪面积最小的，因为这里是以夏景为主，使人可以在凉爽的环境中赏荷。

所以不同的项目，会有不同的主题景观，其呈现的景观面貌特点也各具特色。

杭州太子湾公园

杭州太子湾公园的特色是春天的樱花和郁金香，还有很多球茎花卉。

这个公园春天的樱花和郁金香是沁人心脾的，每逢3～4月份，人们就会想起去太子湾公园，这样的植物景观特色打造就很成功。一个项目不可能将所有的内容都装进去，只要将其中一到两项内容打造得很出色，就是很成功的。

深圳仙湖植物园——木化石专类园

植物景观的营造目的是为了突出园区主题。深圳仙湖植物园有一个木化石专类园，这里如果选用华南地区常见的棕榈科植物或者榕树，那么等它们长大后，这些木化石就看不见了。为了展现木化石的特点，最终采用了荒漠的植物景观来配合，这样就把木化石的特色凸显出来了。

场地和风格定位

广州兰圃 ——城市山林

广州兰圃是我非常喜欢的一个专类园。它的植物景观做得很好，虽然地处闹市，离广州火车站很近，但当我们进入后，马上就感受到浓郁的自然气息。它很好地利用了场地标高比市政道路低10米的低洼地形特点，用自然的手法配置具有山林气氛的植物，如：蕨类、龟背竹、大叶仙茅、粉单竹、棕竹等，形成了良好的城市山林的自然效果。

广州草暖公园 ——城市小游园

草暖公园就在广州兰圃公园对面，但风格完全不同。

首先，它的地势与市政道路是齐平的，无法下陷形成特殊的空间效果。其次，它的景观定位是城市小游园，布景上包括音乐喷泉、音乐茶座、植物造型、花卉应用、精致的草坪等，形成了城市小游园的感觉。所以场地特点不同、定位不同，就形成了两种完全不一样的效果。

师法自然的植物景观设计

虽由人作，宛自天开 ——计成

看了这么多案例，那么植物景观到底要怎样做？我觉得最基本的原理是向自然学习，师法自然。当然，我并不是完全反对规则式的植物景观，但是我在这里要大力提倡营造自然的植物景观。那么为什么要师法自然？

因为：

自然的，被认为是美的终极标准；

自然的，被认为是节约的和科学的；

自然的，是稀缺的——在现代社会；

自然的，是环保的和健康的。

师法自然 雕琢无痕

应用和模仿自然形态的设计
应用和模仿自然结构的设计
符合和顺应自然过程的设计
发挥自然功能的设计
满足人们需求的设计
尽量减少破坏自然的设计

结语

现代户外空间景观设计中，植物景观占有主导性的地位。我们设计时总局限于对自然外部形态和简单结构的应用和模仿，对于自然形成的过程和功能的认识还比较有限。因此师法自然是园林景观设计中的关键，作为景观设计师应该虚心向自然学习。同时学习大自然和第二自然同等重要，研究和分析具有历史意义的园林作品，对我们现在的园林设计有着非常重要的指导意义。我们应该不断学习和总结，为大自然的创造作出贡献。

以人为本 让景观在大规模开发中扮演主导角色——98 'lisbon的启发

People-oriented,Making the Landscape Architecture been the lead in Large-Scale Development

——Inspiration of 98' Lisbon Expo

LECTURE 6

以人为本，让景观在大规模开发中扮演主导角色——98'lisbon的启发

People-oriented,Making the Landscape Architecture been the lead in Large-Scale Development
——Inspiration of 98' Lisbon Expo

2010.12.16

录音整理：安陆禄
Record and Text by An Lulu

开篇语

非常荣幸邀请上海意格国际总裁马晓玮先生来到筑原设计机构和大家分享他在里斯本世博会之旅后的感悟。2010年上海世博会华丽落幕了，这届世博会有很多出彩之处，但是缺点也是显而易见的。纵观整个世博会的发展史，从巴黎的世博会开始，几乎每一届世博会都或多或少的给举办城市带来发展的机遇。1998年的里斯本世博会无疑是其中的翘楚。这届以海洋为主题的世博会举办得非常成功，给世界人民留下了深刻的印象。希望1998年里斯本世博会的设计在今天仍给我们设计师带来设计上的启示与思考。

马晓晧

意格公司创始人，意格公司总裁，首席设计师 /上海市景观学会理事 / 清华大学研修班客座教授 / 复旦大学视觉艺术学院客座教授 / 北京林业大学客座教授 / 美国明尼苏达大学建筑与景观设计学院董事会董事。

研究方向

大型城市规划，建筑设计，公园绿地景观，市政广场景观，别墅豪宅景观，高档社区景观，商业综合体景观的研究与实践。

主要作品和业绩

圣保罗市建成150周年纪念广场景观设计，明尼苏达州，美国 / Santa Lucia Preserve Monterey景观设计，加利福尼亚州，美国 / 巴厘岛滨海度假区，加利福尼亚州，美国 / Fort Bonifacio景观设计马尼拉，菲律宾 / Mulia Hotel Senayan Tower II景观设计，雅加达，印度尼西亚 / Opus Office Building 景观设计，圣何塞，加利福尼亚州，美国 / 印第安纳波利斯水岸公园景观设计，印第安纳州，美国 / 杭州千岛湖珍珠广场景观设计 / 苏州华润平门府景观设计 / 南京复地东郡景观设计 / 博鳌亚洲论坛系列项目设计等。

本讲主要内容

里斯本城市风貌概述
里斯本世博会概述
里斯本世博会规划概述
里斯本世博会景观特色分析

里斯本城市风貌概述

海滨城市里斯本

葡萄牙首都里斯本，面积82km^2，人口53.5万，是欧洲人口增长最快的地区之一，位于特茹河河口，靠近大西洋，是典型的海滨城市。16世纪大航海时代，里斯本是当时欧洲最兴盛的港口之一。城市的北面为辛特拉山，特茹河流经城市南部注入大西洋。里斯本区是葡萄牙最富庶的地区，这地区的人均GDP远高于欧盟平均人均GDP的水平，地区的GDP占整个葡萄牙的45%。里斯本的造船业世界闻名。

图01

里斯本的城市发展

里斯本在史前时代就有人类定居。公元前为腓尼基人始建， 摩尔人一直统治里斯本直至1147年。

1245年，里斯本成为葡萄牙王国的首都和贸易中心。在地理大发现时代，很多航海家如瓦斯科·达·伽马都是由里斯本出发到世界不同的地方探险的。因此，到了16世纪，里斯本达到最辉煌的顶峰，大量黄金从当时葡萄牙的殖民地巴西运到里斯本，使得里斯本成为欧洲富甲一方的商业中心。

1755年，全城三分之二毁于大地震，重建后的新城呈格子状布局。城市日益扩大，兴盛时为西欧大西洋沿岸各地与地中海区域间及东西方贸易的枢纽。里斯本也是战略要地，为葡萄牙海空军事基地，并有国际军事设施。

图01、图02　里斯本城市风貌
图03、图04　里斯本城市街景

图02

图03

图04

里斯本的景观风貌

里斯本依山傍水，整个城市分布在7个小山丘上，远远望去，色调深浅不一的红瓦顶和浓淡不同的树丛交相辉映，景色十分优美。褐色、灰黑、浅灰色组成的铺装图案，与白墙红瓦的建筑相互映衬，形成了优雅而生动的城市景观。1755年，一场9级地震夷平了三分之二的里斯本，震后仅仅一个月，先进的市区重建规划就宣告出炉，规划有林荫大道和众多广场。震后规划和新建的城市仍然保留着浓郁的地域特色。

里斯本的园林美化工作十分出色，市内有公园、花园约250个，草坪、绿地面积约1400万m^2。道路两旁有松柏、棕榈、菩提、柠檬、橄榄和无花果等树木。城市终年草木长青，鲜花盛开，宛如一座妩媚芬芳的大花园。

里斯本世博会乌托邦馆前核心广场

里斯本世博会概述

“The Oceans, A Heritage For The Future” 海洋——未来的财富

本届世博会是纪念达伽马航海五百年的历史，是一次以“海洋——未来的财富”为主题举办的盛会。它的场地选在里斯本的一个新区，从此带动一个城市新区复兴，这也是一个城市复兴的举措。上海的世博会也一样，场址原来都是大量的厂房，钢铁厂、造船厂。尤其是江南造船厂，通过世博会把它改造成一个新的城市核心区，这种做法与里斯本世博会的理念非常接近。里斯本世博会引入了大量的现代化交通体系，比如用过往高速火车、地铁的轨道交通体系来支撑一个城市的骨架。另外，里斯本世博会的范围和规模比上海世博会小得多，总参观人数预计1500多万，实际800多万，但我们要知道，整个葡萄牙人口才1000万，好比每1.25个人里面就有一个葡萄牙人去过世博会，他们参观的比例非常高，所以说它带动了整个城市区域的发展。

里斯本世博会规划概述

城市的复兴
——通过世博会把它改造成一个新的城市核心区

世博园的建设从1990年开始规划，选址初期三个地区入选。经过大量的精密计算和讨论后，政府选择了位于里斯本东部边缘的Tagus河畔。长期以来，这一地区始终处于遗弃和衰败之中，分布着各类污染和危险设施，包括炼油场、储油灌、废弃集装箱的堆场、设施简陋的屠宰场、军火堆场和垃圾堆场。政府决定在Tagus河畔设置330万m^2的城市重建区(Urban Redevelopment Area)，利用滨水环境的潜在开发价值，通过世博，使这一地区的交通条件、基础设施和环境品质发生根本性改变，达到欧洲其他首都城市的相同水准，创建集居住、商务、休闲为一体的综合功能地区，形成里斯本的经济增长极核之一。

重建区的东侧滨水岸线长达5km，西侧边界为规划的铁路和轨道交通线路，东西向的平均宽度为600m左右。世博会场址的用地面积为60万m^2(不包括交通转换枢纽、停车场和世博村)，位于重建区的东南象限。世博会的设施和环境形成重建区的核心部分，同时也是里斯本的一个公共活动中心。世博会的临时建筑区域和周边地区用于商务和住宅发展，跨河大桥以北区域作为大型公园、绿地，开放空间占重建区的1/3，形成居住、商务和休闲融为一体的综合功能区域。

相关背景

为了纪念达伽马发现通往印度的航线500周年，葡萄牙承办了1998年里斯本世博会，主题是“THE OCEANS,A HERITAGE FOR THE FUTURE”海洋——未来的财富。

目标：

①通过举办大规模的全球性活动，向世界展示现代化的葡萄牙，从而提升葡萄牙的国际形象和声誉；

②带动周边地区的城市复兴，形成里斯本的经济发展极核，提升里斯本在欧洲乃至全球的竞争能力。

宗旨：在开发利用海洋资源的同时保护海洋环境

会址：葡萄牙里斯本塔古斯河沿岸

会期：5月22日至9月30日共持续132天

占地面积：65万m^2

参展方：共计146个主权国家和15个国际组织(亦有不同统计数据)

预期参观人数：1500万(对于全国人口仅为1000万的葡萄牙而言，确实是相当可观的)。吸引了来自88个国家和3000多家传媒机构的多位记者，有效地提升了里斯本的知名度。

后续效应：城市地下铁路运营网络的扩张，东部铁路客运站的建成，新的Olivais城区发展规划的形成。

交通体系的规划

交通体系包括兴建跨河大桥、公路、铁路和地铁，建立其他区域和里斯本城市交通网络之间的便捷联系，特别是在世博会场址建设多种交通方式(例如铁路、地铁、长途汽车、出租车和私家车等)的转换枢纽。

经济运作

为了低成本地建成本届世博会，里斯本政府组建了一个智囊团队，负责用规划吸引大量的投资。经过详细的规划和设计，会后的场馆功能使得投资的收益有所保证。这种立足于未来的利益共享机制为里斯本世博会吸引了大量的投资，帮助葡萄牙政府以极低的成本完成了世博会的建设，同时给地区经济注入了活力。今天世博会举办地区已经给里斯本政府带来了多达投资额8倍的收益。

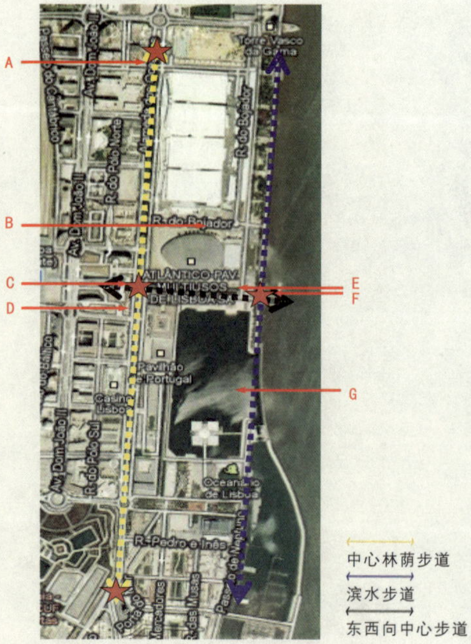

A 南北向的林荫大道作为场内交通主轴，串联各个功能区域。

B 东侧的滨水地带，布置核心开放空间、主要展馆和服务设施。

C 西侧入口与交通转换枢纽相邻，并且位于两条结构轴线的交汇处，是世博会场址的主要入口。实际情况表明，50%以上的世博会参观游客使用公共交通方式抵达交通转换枢纽和西侧主要入口。

D 西侧布置次要展馆(包括少量国家展馆、国际组织展馆、企业展馆和葡萄牙的国内地区展馆)以及管理和物流设施。

E 东西向的结构轴线，它们分别与场址周围的四个入口相连。

F 少量游客采用水上交通方式抵达东侧入口。

G 围绕原有的嵌入式港池作为核心开放空间，周围布置主题馆、庆典和礼仪广场，形成世博会的主题区域。

世博会场址规划遵循三项基本原则：

①明晰的路网结构，确保大量人流的集散效率；

②亲水的空间形态，体现海洋主题；

③功能布局考虑世博会设施和环境的后续利用，满足地区重建计划的整体要求。

里斯本世博会景观特色分析

世博会无疑会出现很多抢眼的场馆，会出现一些新奇的建筑形式，但是景观如何扮演一个主导的角色，这是我们想探讨的关键的问题。

融合的景观轴线和场地轴线

——以功能和景观为导向设计的参观轴线，细节丰富，尺度适宜，方向清晰

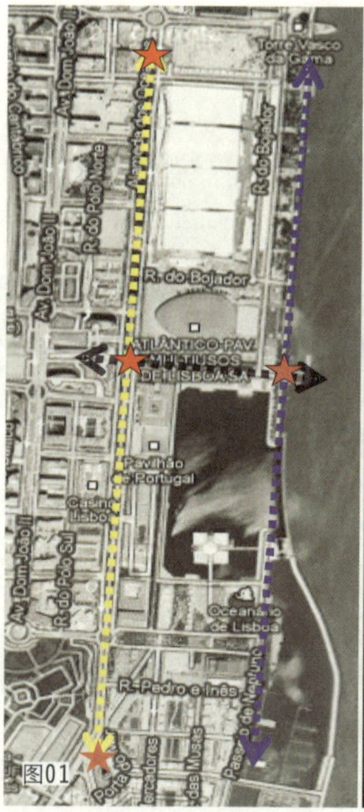

里斯本世博会以三条景观步道作为主轴

中心林荫步道Water-way

滨水步道

东西向中心步道

里斯本世博会主要的参观轴线就是景观轴线，并且世博会的景观轴线无论是从可参与形式，还是人流的引导疏散导向性，都扮演着极其重要的角色。在这里面打造两条主要的景观轴线：滨海轴线(滨水步道)和内陆轴中心林荫步道(Water-Way)。

这两条景观轴线，起到极好的组织和引导参观人流的作用，为舒缓人流提供了非常好的场地。除此之外，这两条轴也是融入不同地域性质和服务功能的轴线，而且这两条轴的沿海特色和内陆特色都表达得极为丰富。

中心林荫步道Water-way

中心林荫道连接南北入口，展览空间沿步道两侧延伸，使得中心的景观轴成为展示区的主轴线。步道与餐饮、商业、休闲、文化和娱乐设施相结合，起到疏散人流的作用。在这条长长的线型上面，如何识别是个很大的问题。于是依靠颜色识别体系，利用不同颜色的瓷砖加以解决。瓷砖颜色是分段有规律的变化，从橘黄色变成红色再变成紫色，然后从紫色变成蓝色，从蓝色变成绿色，又从绿色变成黄色，由色调系列展开，而每种颜色就是个地标。所以你完全可以记住你是从哪个颜色进来的。瓷砖是当地非常常见的建筑材料，大量应用在室外室内，有极其浓郁的葡萄牙特征。设计师把这种特征发挥到了极致，从而营造出一个很怡人、很惬意的环境。

同时场地引入了水，这几个水塔完全是互动的，水潺潺而下，孩子们可以过去触摸水流。这些水塔采用跌水降温，使得水塔本身降温的同时，又能让孩子过去触摸，设计本身考虑了可参与性的方面。

图01 景观步道平面
图02 滨水步道鸟瞰
图03、图04 中心林荫步道Water-way(一条非常巧妙的轴线，而且非常的灵动。水的引入，使整条轴线鲜活起来)

图01

滨水步道

滨水步道连接主题展区、次展展览空间和未来新区的大型城市公园，结合各种服务及娱乐设施，形成视野开阔、尺度宜人的室外开放空间，在这里吹着湿润的海风可观赏达伽马大桥。滨海步道有的地方沿着海；有的地方伸到海里面去，两边都是水；有的地方建成一条林荫道，而且上方是一个立体的交通体系，用缆车把人从一头直接送到另一头，来延展游览的路线，因此游人不走重复路，也可从不同角度欣赏展区。

图02

图03

图04

东西向中心步道

东西向中心步道连接东西主入口，结合旗帜区和水景空间，营造庆典氛围。

在这条横轴中，有的地方用浅滩来作为一个可参与的水面。在世博会举行的时候，很多人会因为这个浅滩脱掉鞋淌到水里面去，水最深的地方也不过二三十厘米，因此没有安全隐患。我在那看到很多小孩子在戏水，这给世博会带来了一种很强的人性化融合的视觉享受。

在这条轴线的旗帜区，设计了竖起来的风向指地标。这些地标延长了横向景观轴，使其序列化展开，同时作为参观轴线，它起到一个重要的组织作用，并且在尺度上，细节上都做得非常好。

图05

图01～图03　滨水步道景观
图04　高空缆车
图05　旗帜区：风向指地标，地标延长了横向景观
图06　水景空间：在世博会举行的时候很多人会因为这个浅滩脱掉鞋淌到水里面去。

景观空间与室外功能空间的重合

——景观设计师精心处理的室外功能空间颇为人性化，景观的服务性得到彰显

在中心林荫步道上有相当多的服务功能是完全延伸到室外的，这极其像是里斯本的市中心生活场景的一个缩影，因为这种路边的餐饮区在欧洲是非常常见的。将这种场景和氛围直接带到世博会里面来，形成一个非常鲜活的场地，你走进去的时候误以为自己在一个真正的城市里，而不是在一个有栏杆的、有保安人员这样的纯粹的展览区域，因此它是鲜活的生活化区域。

图01

图02

里斯本世博会也设计了大量的休息空间，这些休息空间本身也是景观的一个地标。这些空间做得很鲜活，因为它预留了大量的可参与活动的场地。

其中一个场地我感觉很像Maya Lin(林樱)的一个项目，Maya Lin曾经在南加州一个大学声学实验室外做了一个草地的声波，很像是这一块。这个波纹型的场所，非常受儿童的欢迎，我女儿到这里简直玩疯了、失控了，她在上海世博会没找到这种感觉，她被晒蔫了，但是到里斯本世博会就玩疯了！

景观到底是干嘛用的？景观能不能让一个人“疯”掉？能不能让人爱上这个地方？这么简单的一个场地，它预留出来，一下子成了孩子们的天堂。刚开始我们去的时候只有两三个孩子，渐渐地，等我们玩了两个小时要走的时候，这里已有几百个孩子！无法想象的地方，却极其简单，可孩子们就是因为简单的草坡爱上了这个地方，我女儿就是其中一个。

图01 里斯本的市中心生活场景的缩影在世博随处可见

图02～图04 声波型的场地让孩子们都玩疯了

图03

图04

景观的可参与性

——可参与性的景观不是过期的摆设，而是当地人生活的一个部分

景观不仅可以看，还可以是动的、可以摸的、可以踹的、可以敲的，甚至是可以蹬的东西，都是可以参与的。里斯本世博会中景观的可参与性融合在方方面面，在不经意间你就已参与其中。在世博会中有各式各样的小广场和南北向的步道相连，简单而有趣的景观小品打破了这线性步道的单调乏味。

图01

图02

图03

图04

图05

图01　这是其中一个乐器装置广场，前面的装置像不像中国的编钟？我估摸着是从中国的古建筑中受到启发的。广场旁边围着的东西就是一个敲击器，任何人在这都可以拿起来奏乐，参观的时候自然不会感到枯燥了。

图02　室外大喇叭，这个高度跟人一样高，长有十几米的大喇叭，你站在这里喊，500m以外都能听得见。

图03～图05　踩声音的东西，鼓片放在下面，你在上面跳，鼓片在下面就能出声，能吸引十几岁的青少年去玩。这个扬琴的乐器敲起来咚咚响，会吸引二十几岁的人。而像我们这个年龄只能去敲锣了。

图06　凸起的步道增加了广场的趣味性。

里斯本世博会在景观轴线中融合了大量的小型广场，小广场中融入了大量的活动空间。在这个广场上明明都是铺装，但是放上了凸起的步道，就平添了不少趣味性，变得很好玩了。而这个看似简单的视觉焦点，既满足了大规模人群的疏散功能，又能在这么枯燥的空间里提供一个鲜活的内涵，非常感人。

景观的引导性

——方向感清晰的景观牵引着游客在世博园中体验、游历

导向性是这个地方做得非常成功的一面。这里连坐凳都具有导向性，因为坐凳跟轴线是一体化的。坐凳颜色恰恰反映了你所在的方位，并且知道自己所去过的位置。道路铺装也标示着场地方向的所在。

图01

图02

图03

世博会的景观手法非常善用线型的设计语汇，并形成很多观景点。这种导向性的功能不受建筑的制约，它穿越建筑，却又与建筑融为一体。建筑下层是架空的，也因此形成无障碍的通道，并让景观轴线一直延续下去。这些空间往往是商业中心功能展开的节点，因为这里是人流汇集的地方，所以就变成了一个林荫下的商业广场，然后通过商业广场再发散。这种有意无意的导向性，把里面的功能赋予了新的概念。

图01 精美的廊架结合三角梅成为滨水步道的景观空间，线性座椅暗示了方向与位置

图02 从铺装到廊架，线型元素不断强调了场地的方向性

图03 照明设施同样是颇具特色的景观标识

景观的地域性

——地域性的景观给世博会打上了里斯本的烙印，世博会成为了里斯本印象之旅

里斯本世博会很自豪地向全世界介绍景观的里斯本特征。

在这个地方，它大量地采用了当地的材料。波浪形铺装纹样是传统的里斯本的铺装样式。把这种铺装样式进行演变用到世博园里，既现代，又抒情。里斯本在这个材料铺装运用上做到了极致，可以说甚至超越了法国、意大利。世博园做得比较有趣味性，它的中心轴线，包括指示，都是用铺装来表现的，而且里面有很多漫画式的、很灵活的形式，一直贯穿了整个里斯本的场地。

走进世博园区，和城市街道几乎相同的铺装形式、色彩，带着淳朴的地域特色，极尽所能地诠释着海洋的美。景观小品、设施装饰元素等，不管是色彩、质地还是纹理，都带着几分当地的特色。

在这里，不需要国旗，不需要徽标，单凭地上的波浪砖纹，砖红色的墙面，就能感觉到浓郁的里斯本气息。

图01

图02

图03

图01~图03　园区内以海洋为主题的铺装纹样

图04~图07　无论主题如何，广场的铺设方式，色彩纹理，都与里斯本地域风貌一致

图04

图05

图06

图07

园区里面用了很多乡土树种，如橄榄树、葡萄、当地常见的冲天而长的柏树，都非常具有地域特征。设计师们把这些都用在世博园里面，让人记住葡萄牙，记住里斯本。另外，里面选用的烧结砖和涂料，包括那些碎石、木材，都是当地一些常见的材料，几乎所有的硬质材料都就地取材，当地的特征表现得一览无遗。

公共艺术与景观的有机结合

——公共艺术的引入，增添了室外空间的趣味性和艺术性，提升了世博会景观设计的品质

在纵向的与横向的景观轴交汇处产生了很多节点，每个节点都是精心打造的，用一些立体的识别柱和立体雕塑来进行识别，并且将这种识别手法跟它的传统文化、传统工艺紧密结合起来。

图01

图02

图03

图01　趣味雕塑
图02　雕塑把水池模拟成海洋，雕塑像在海洋里狂欢的海盗，非常有趣。
图03　广场上的石凳做成了可参与的雕塑。细节、比例、尺度，都非常优美。
图04 ~ 图06　巴西Tome地迁花园景观局部
图07、图08　德国科隆的花园景观局部

展示世界不同区域的地域性景观

—— 浓缩的地域性景观和里斯本的气息相互交融，实现了景观文化的交流

世博会是一个举办地向全世界展示自己文化的良好机遇，里斯本把它做成“国家园”，将它变成一个向人们展示世界园林的景窗，将一些气候相近的地方，做了相关的主题园，代表着那些国家和地区。它在每个园的入口做了详细的介绍，包括当地植物也进行了详细的罗列和介绍。园内的设计采用当地的语言，来参观的人里有百分之二十几的外国人，他们到这里看到一些自己熟悉的场景感到很亲切。

图04

图05

图06

图07

图08

大乔木和管理粗放的植物材料的使用

——植物是景观的骨架，适宜的地区气候使得植物生长旺盛，提供了舒适的室外空间

里斯本世博园采用了大量的乔木，相对来讲管理成本比较低。这里避免采用大量修剪型植物和需要大量喷灌的草地，而采用大量的毛杨和类似这种价格便宜的植物。由于林荫广场铺装面比较大，来这里参观的人流量较为集中，因此设计强调的树阵扮演了重要的角色——提供舒适的室外空间。

01

图01　林下广场
图02　交通转换枢纽
图03~图04　缆车的路线为游人提供了从高空俯瞰世博会的机会

场馆交通体系和城市公共交通体系的结合

——所有的建设都是为了生活在里斯本的人，展会时是，展会后也是

02

里斯本世博会设计了个超大的区域性交通枢纽，这个枢纽是多功能的，它涵盖了巴士、地铁、区域性的火车等交通方式。地铁、火车这些大规模公共交通直接进入世博会，从而游人从巴黎可以直接坐火车到世博会这个站，不用转车，以人为本的思想得到落实，很了不起。如此壮观的交通枢纽，成了非常好的地标。车站主要入口的两边是两座桥，它是二层连廊体系的开始，上面是火车站。整个里斯本世博区域完全由二层连廊体系连起来，无论是居住区还是商业办公区，都有一个二层复合体系。这个体系世博会期间开始引入后，12年来一直都在建造，今天整个体系构筑起来了，这个非常不容易，这一点在我国香港、日本、新加坡等地区做得都很好，但在国内却做不起来，因为我们都是各管各的。

观光缆车的体系，也做得很巧妙，它给游人提供了从高空俯瞰世博会的机会。

里斯本世博会的交通转换枢纽背景介绍

著名建筑设计师Calatrava设计了这座极富吸引力的建筑。他用叠置的站台满足了建筑需要的不同功能，再将不同的平台用台阶、廊道、露台以及隧道连接起来。又将划分城市区和港口区的铁路线抬升了14m，为步行者和其他交通工具留下了充足的穿越空间。238m长的车站建筑具有通透的外观，金字塔般的玻璃安装在60个树状的钢架之上，形成了精美大气的冠状屋顶。当地传统的沙土色的石灰石镶嵌黑色的马赛克状的玄武岩，构成了场地内外的主要铺装。从视觉上将车站、周边环境和世博园区连为一体。

图03

图04

景观在生长

—— 新城从园区内生长蔓延开去

“所有的建设都是为了生活在里斯本的人，展会时是，展会后也是。”这个理念被所有开发商很好地贯彻下去，包括这里的二层连廊体系。经过规划的二层连廊从园内逐渐延伸到城市，并形成了很好的景观系统，包括很多复合性的景观体系。

图01

为城市而设计的展馆，成为了城市的中心。百分之九十的场馆三个月内完成了功能的转换，建筑景观和城市景观相互结合，成为了新城的重要部分。

葡萄牙馆：Alvaro Siza设计的场馆，室内分为两个部分，北边的U型内庭通向和Olivais地区名称起源相关的橄榄树庭院，南边的拱廊软化了建筑生硬的外观。建筑师采用悬拉结构屋面覆盖一个50m×60m的广场，作为世博会的礼仪场所，在各个参展国家和国际组织的“馆日”举行外国和国际组织领导人的欢迎仪式。会后，政府出资购买了该场馆，使其成为了当地政府的办公场所。

乌托邦馆：Regino Cruz 和 Skidmore,Owings and Merril(S O M)设计的。1998年里斯本世博会的乌托邦馆无论从建筑学的角度或是其象征意义来看，都具有重要的价值。乌托邦馆是一个椭圆形建筑物，屋顶呈蘑菇状，由外围椭圆形台阶环绕。结构用瑞典进口的松木制作，像一艘底朝天的巨大的船，共使用5600m³的木材。这座建筑的中心横梁跨度长达150m，侧梁有114m，这是世界上首次用木材建造如此大跨度的建筑，其内部足以容纳一个足球场。世博会落下帷幕后，这里成为了里斯本的多功能活动中心，举办各类世界级体育比赛和文艺表演。

海洋馆：设计师Peter Chermayeff将海洋馆放置于保留的嵌入式港池中间，远远看去，这座只能由人行天桥到达的方形场馆似乎是一艘艘桅杆林立的航船。这座水族馆盛有5000m³的水，一个6000m³大的水池和四角独立的水族馆，这里是200多种鱼的天堂。约15万条鱼生活在人工模拟的太平洋、大西洋、印度洋以及北冰洋中。参观者在幽暗深邃的廊道中感受奇妙的水下世界。

世博会落下帷幕后，这里成为了世界上最大的海洋馆，吸引着来自世界各地的游客。

图02

图03

图04

图01　经过规划的二层连廊从园内逐渐延伸到城市
图02　葡萄牙馆
图03　乌托邦馆
图04　海洋馆

与大师对话

里斯本世博会的规划设计是个一体化的设计，它将文化、艺术、使用功能、地域特征都融合在EXPO的建筑与景观体系的每个细节之上。而世博会本身也是个持续性的工程，在12年后的今天，里斯本世博会已经完全融入到了当地的生活中，并对该地区产生了积极的影响。

Anne Sprim在“The Language Of Landscape”里面曾提到，景观是一个dynamic(持续运动变化)的过程。这种持续运动变化的推动力不仅仅来自时间，更来自人——作为使用者、设计者、管理者的我们。

马晓玮先生在“筑原学堂”中借对里斯本世博会的参观回顾，结合自己的工作经历，通过他的视角阐释了人性化景观的营造、景观的可持续性规划设计、中国的景观发展……从他的语句中，我们感受到了一位景观设计大师坦率真诚的人格魅力，以及对景观设计的执着热爱。

他的讲座不仅是在介绍Lisbon Expo景观规划的成功理念，也是为10年以后，50年以后、甚至更久以后中国景观未来的发展带来启发和思考。

在中国，这个在电影中称为国际大工厂或西方建筑实验场的国家，中国的景观设计师该扮演何种角色，我们在马晓玮先生与大家的互动中感受到一位本土设计师的理想与责任。

在大家提问之前：我先提出两个问题，大家讨论一下：1.景观是干什么用的？2.真正的中国园林到底是什么？

1.景观是干什么用的？

景观就是给人用的，我们老说以人为本，如果不以景观为本，就不可能以人为本，景观和人不是矛盾的。

那么我们能否真正做出来？我谈一下看法，这一点在中国如果做不到，那是非常不应该的，因为中国文化最大的特点就是人与自然的高度统一，我们出现风景画是在古代，而西方是在17世纪，我们早了上千年，而我们和自然是高度融合的，所以我们的中国园林和自然的融合应该达到前无古人后无来者的程度。

2.真正的中国园林到底是什么？

这是我们大家要探讨的问题。提到园林，大家就直接联想到了苏州园林、皇家园林，为什么呢？因为它做得太伟大、太好了，以至于我们无法把它剖开。但我认为我们应该抛去表象看实质，当时为什么用太湖石，用白墙，用灰瓦，因为当时只能烧灰瓦，如果你烧那种釉面带颜色的，你是要被砍头的，所以只能烧灰瓦；为什么刷白粉，因为没有其他建筑涂料，没有什么立邦漆；为什么用太湖石，因为它方便，可以点景，做雕塑，堆出十几米高的山，它比较灵活，很轻，是一种靠人工可以处置的材料，也是符合当时的审美观的，所以当时这种排列组合是正确的，而且发展到了极致，形成了一种代表，但没有人说中国园林就等于白墙灰瓦，这是不能划等号的。中国园林用玻璃、钢材、切割的石材、水泥等材质，都是可以的，但真正的中国园林到底是什么，这是我们大家要探讨的问题。吴冠中先生也是将中国东西西方化，将西方东西中国化，做文化融入的东西，将古老的艺术形式赋予新的内涵，表达现代人情感，去符合现代审美观。所以今天做的时候，要用当今的材料和工艺，为当今的人去做一些符合当今人的功能需求，符合当今人的审美情趣的园林。当今的东西，就恰恰是中国的。所以我们真正要做什么，不在于表象，其实真正的设计来自于人的内心，就在那个场景，在那个功能界定，在那个特殊情形下，你的内心就会告诉你该做什么。

不管是学环艺的、学景观的、学建筑的，还是学园林的，我觉得我们都应该去强调整合型设计，我们都应该顾及到其他专业的存在。

Q1：马总在国外工作这么久，国外设计师扮演什么角色？您在国外半年时间扮演了什么角色？您回来建设祖国后是否有过无奈，如何面对这种无奈？您认为国内设计师应该扮演什么样的角色？

马：SASAKI是一个异类，是美国所有景观公司中唯一一家发展成大型的、综合型公司的，为什么呢？他起源的祖师就是SASAKI。SASAKI本人是生长在美国的日本人，他拥有东方人的智慧，他认为景观不应该游离在其他专业之外，而应该纳入一个体系。他一开始就倡导将景观与规划、建筑、其他市政紧密结合成体系。SASAKI不是一个设计师，到现在也没有哪一个项目是SASAKI本人设计的，但是他倡导的这个理念被美国人广泛接受，SASAKI就是建立在这样的整合式设计的基础上，创建了一个建筑、规划、景观、市政、室内、平面面面俱到的大型综合事务所。这可是一个东方人带给美国的一份丰厚的资产啊。但是美国绝大多数的景观事务所是纯景观的事务所，相对来讲景观专业在美国发展得比较狭隘，在我看来美国的景观专业已经沦落成一个环境工程专业，而不是设计专业。到底设计是什么？设计是情感的一部分，设计不仅应符合LID，还应符合人性之上的东西。因此设计跟工程的差别，就是多出来的那一部分。我们认为环境是一体的，这恰恰是园林留给我们民族的伟大资产，如果建筑多涉及一些环境，你的建筑就是好建筑。安藤忠雄为什么这么伟大，因为他的建筑和环境结合得天衣无缝，他的所有作品，全是和美好环境的结合品，看他的舞台，看他做的一些教堂，如光之教堂，有哪一个不是环境的产物，这正是东方智慧的又一体现。反思过后得出结论，我们现在还处于重新去寻找文化根基的一个启蒙点和转折点的状态中。

大家都有感同身受，设计是无意间做出来的，因为是自己最喜欢的项目，可能是特别没有道理的，好的东西是自然流露出来的，这种流露最好是建立在广泛涉猎、交往、接纳上的。

Q2：您提到了美国景观学沦落到工程学的状态，而中国现在面临国际开放状态，很多外籍设计师到中国工作，中国的学生也出去留学，请问在中国这样的大环境下我们该如何调整方向？或者说意格现在是否处于这样的萌发状态？我们去国外接触学习是否是好方法？外籍设计师来中国，我们应该用什么样的态度去合作交流，或者我们如何做好我们的角色？

马：现在是多种体制并存的时期，大家出去留学又回来，外国人也进来，没有一个固定的模式，这种混合的过程，总的来说是健康的，但短时期来讲是混淆的。比如在我们的名胜古迹旁边搞一些西班牙建筑，你也会气愤，中国自己的村落没弄好，就去弄西班牙的村落。但反过来看这个过程，在50年、100年、200年以后，这未必不是好的过程，因为它加入了基因，注入了这样的元素。反过来看西方，他们也经历了300年学习中国文化的过程，中国园林17世纪进入西方，一直到19世纪。300年的过程，他们也模仿过，也依葫芦画瓢地做了很多莫名其妙的事情。但是在今天，300年的历炼，逐渐融合起来，该抛弃的抛掉了，该融入的就留了下来，到了今天反而领先了。而中国今天是以前所未有的态度、速度和尺度，大规模吸收全世界的东西。虽然我们有时也会郁闷，但我保证这个过程对子孙是有益的，而且中国的发展变化快，有了这些量的积累，也许10年就会有一个质的变化。十年以后，当我们沉淀以后，我认为我们会开始去寻找自己的本心。那个时候你再做，可能不是传统的中式了，而是你吸纳了西方的很多元素，或受日本的影响做出来的中式。我认为最好的设计不是咬牙切齿说我一定要做个最好的设计，这是不可能的。大家都感同身受，设计是无意间做出来的。因为是自己最喜欢的项目，可能是特别没有道理的，好的东西是自然流露出来的，这种流露最好是建立在广泛涉猎、交往、接纳上的。所以现在大混战的情况，我认为是一个好的过程，虽然有时觉得荒谬。大家每天只在广州就可以接受大量的信息，不管书籍还是食物，这个信息量在历史上是没有的。等到信息量有了一定的积累，以后做设计的时候，看到一个场景或因素，设计思路就自然而然地出来了，那就是好东西。目前的状态应该站在一定高度来看，不要拒绝它，不要受西方影响，我觉得能站得住脚的不是那些淘金者，因为他们没有感情付出，只是冲着钱前进。我们只要长期坚持，各位肯定能成为最优秀的设计师，会超越他们，但是要耐得住寂寞。尽情地享受这个过程吧！

结语

在上海世博会的景观体系上，作为一名景观设计师，我认为能够做好的有很多，假如我们不是摆设，假如我们不是配角，假如我们能参与到世博会的规划中去，假如……上海世博会将给人带来不一样的感觉。所以说人是主角，景观也应该是主角。

文化传承与建筑创新

Cultural Inheritance and Architectural Innovation

LECTURE 7

文化传承与建筑创新

Cultural Inheritance and Architectural Innovation

2011.1.7

录音整理：陈姗

Record and Text by ChenShan

开篇语

佛洛依德曾说：“城市不是人类的聚居地，而是历史的心理存在”。城市作为我们生活的载体，却一天天丧失亲切感和温暖感。取而代之的是大尺度街道的距离感和石头森林的冷漠感。但有一群人依旧在努力，他们赋予了建筑民族的个性，给予了城市亲切感。

今天，中国工程院院士、中国工程设计大师何镜堂院士做客“筑原学堂”，将与我们分享他与他的团队在文化传承与建筑创新之路上的经验。

何镜堂

中国工程院院士 / 中国工程设计大师 / 华南理工大学建筑学院院长兼建筑设计研究院院长、总建筑师、教授、博士生导师 / 中国建筑学会副理事长。

研究方向

建筑及城市规划的教学与研究。

主要作品和业绩

上海世博会中国馆 / 广州国际会议展览中心 / 华南理工大学逸夫人文馆 / 天津博物馆 / 澳门大学横琴校区 / 钱学森图书馆 / 侵华日军南京大屠杀遇难同胞纪念馆扩建工程 / 北京奥运会羽毛球馆及摔跤馆 / 西汉南越王墓博物馆 / 浙江大学新校区总体规划及主楼 / 华南师范大学南海学院 / 映秀震中纪念地 / 宁波帮博物馆等。

本讲主要内容

传承与创新是文化发展的基本点
两观三性
建筑“三性”的和谐统一

传承与创新是文化发展的基本点

眼下，中国的建筑要么就是完全学西方的，把西方的建筑照搬过来；要么就说要搞点中国传统的，把传统全搬过来。我认为这两个都不是我们建筑的方向，最终必须有我们自己特色的、西方文化与中国传统文化相融汇，并且又是现代的、体现时代精神的建筑。所以，从这个方面来说，传承是人类应对自然和社会严峻考验过程中积累的宝贵文化财富，任何一个国家和民族文化的传承、发展都是在原有文化基础上进行的。如果离开传统，断绝血脉，就会迷失方向，丧失根本。

传统作为稳定社会发展和生存的前提条件，只有不断创新，才能显示巨大的生命力。没有传统的文化是没有根基的文化。不善于继承，就没有创新的基础，离开创新，就缺乏继承的动力，就会使我们陷入保守和复古。

推动文化的发展，继承是基础，创新是关键。在吸收传统文化精华的基础上，不断增加原创动力，努力创作有地域特色和中国文化精髓的现代建筑是当代建筑师的历史责任。

和谐观是中华建筑文化的核心

中华文明源远流长，在漫长的历史发展进程中，形成了儒道互补的哲学体系以及与之相配的“天人合一、师法自然、和谐共生、厚德载物”的价值观，其核心观念是“和谐”。

和谐观念认同世间万物在保持其独特性、多样性的基础上建立恰当的良性相互关系，以达到“和而不同”的境界，这是中华文明各个层面的共同文化理想和价值取向。孔子曰：“礼之用，和为贵；君子和而不同，小人同而不和。”老子曰：“万物负阴而抱阳，冲气而为和；与人和者，谓之人乐；与天和者，谓之天乐。”我国古代的山水画多是描绘“宁静致远”的山川美景。文人墨客则以“采菊东篱下，悠然见南山”的隐士情怀，追求“与天和，行天乐”。

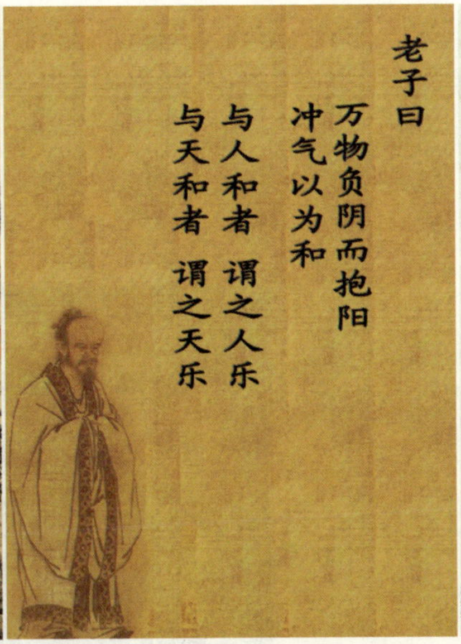

图01　故宫鸟瞰
图02　斗拱
图03　古建筑结构体系
图04　《考工记》记载的城市布局
图05　无锡民居
图06　皖南民居
图07、图08　福建土楼
图09　承德避暑山庄

图01

中华传统建筑文化的和谐观念主要体现在对自然和社会的适应，并形成鲜明的形态特征

中国传统都城注重相天法地，因地制宜的选址，城市采用方形圈层、井字形纵横道路体系，形成南北轴线明确、中心突出、肌理清晰的棋盘式布局。据《考工记》记载，“匠人营国，方九里，旁三门，国中九经九纬，经途九轨，左祖右社，面朝后市，市朝一夫”，明确地描述了古代都城的形制特征。

中国古建筑以群体见长，围绕院落布置。以故宫为例，在1.6km的轴线上，通过多个连续、对称的院落串联组合，形成一组空间序列来展现皇家建筑的威严气势。古建筑单体造型则是由台基、屋身、屋顶三段式组成一个和谐统一体，结构上采用木构架结构体系。其中，“斗拱”是中国传统建筑中结构功能与艺术形态巧妙结合的一个突出的亮点。

图02

图03

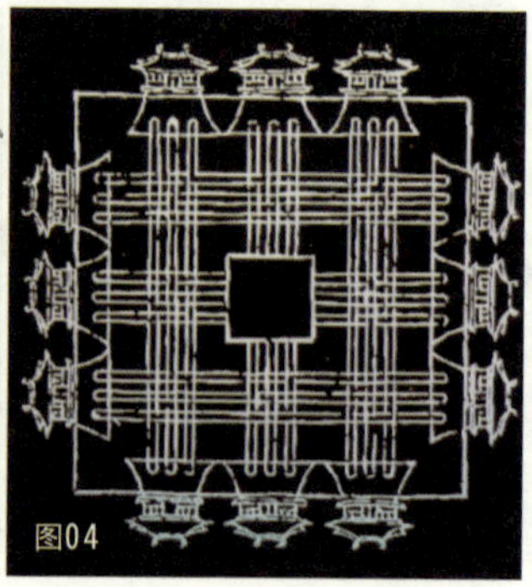
图04

中国地域宽广，地形地貌非常丰富，各地传统民居充分体现出应对地理和自然环境的变化以及家族血缘关系而呈现的多样性和独特性。如江南民居的“枕水人家”，皖南民居的“高墙深院”，福建土楼的“层层环卫”等，无一不是千百年来与自然环境相互交融的结果。

中国传统园林体现“虽由人作、宛自天开”“巧于因借、精为体宜”的高超造园艺术，情景交融，使中国造园艺术达到登峰造极的境界。不论是皇家园林承德避暑山庄，还是江南私家园林，“师法自然”的造景技艺将“和”的观念发挥得淋漓尽致(图08、图09)。

中国传统建筑文化思想和适应自然与社会变化的和谐观，以及在城市、建筑、园林中所形成的鲜明特征，是我们从事中国现代建筑创作可以借鉴的宝贵财富。设计师们应吸收民族的优秀建筑文化遗产，与现代社会生活和科学技术相结合，创作出有中国特色和时代精神的现代建筑。

图05

图06

图07

图08

图09

两观三性

改革开放以来，大量境外建筑师涌入中国建筑设计市场，带来许多先进的设计理念以及设计模式。同时，我国年轻建筑师也远赴重洋，求学海外。但在国内建筑市场建设周期较短的普遍境况下，盲目建设，重形式轻内涵的建筑对中国的传统文化和生态环境带来了一定的冲击。

作为一名中国建筑师，在30多年的创作生涯中，我和我的团队在不断地思索如何走有中国特色的创作之路。通过多年实践，我们总结出“两观三性”的建筑创作理念。所谓“两观”，即整体观、可持续发展观；“三性”，即地域性、文化性与时代性。

宁波帮博物馆

建筑的整体观

建筑整体性首先体现在构成建筑的各个要素之间的整合，从城市整体的角度、从群体协调的角度、从建筑内外空间和延伸的角度，分清主次，对各要素进行分析、归纳、优化和整合，总体把握，贯彻始终。

建筑整体观的核心是和谐统一，就是要处理好设计对象中各影响因素的对立统一关系，在统一中求变化，形成韵律和秩序逻辑，又结合具体环境和条件，在和谐中做到丰富多彩。

建筑的整体观既是一种设计理念和思想，也是一种创作的思维方法。

建筑的可持续发展观

人类在大规模建设自己家园的同时，却给自然和生态环境带来了破坏。于是从这些教训中人类逐渐懂得了可持续发展的道理，逐渐意识到建筑不但要满足现代人的使用要求，而且要有利于子孙后代的发展，归根结底就是要创造条件促进人与自然的协调，科技与人文同步发展。

建筑的可持续发展体现在建设的全过程中，也体现在建筑的全寿命期中，这是当今建筑师必须关注和贯彻的设计原则。

人的需求会随着社会的进步、科技的发展而不断变化，建筑师对建筑的发展应有一定的预见性，使设计具有灵活和可变的适应性。

建筑的地域性

建筑是地区的产物。世界上没有抽象的建筑，只有具体的、地区的建筑，它总是扎根于具体的环境中，受到当地的社会、经济、人文等因素的影响，受到所在地区的地理气候条件、具体的地形地貌和城市已有建筑地段环境的制约。

地域性体现建筑与建造地点相关地理、人文、技术和经济的关联性和一致性。它一方面表现为建筑对应地域自然环境的特殊性和适应性，另一方面体现出对特定地区建筑文化的独特性和延续性。

地域是基础，从地域中提取特色，挖掘有益“基因”，与现代科技、文化结合，使现代建筑地域化，地区建筑现代化。

建筑的文化性

建筑具有双重性：它既是物质财富，又是精神产品；既是技术的产物，又是艺术的创作。建筑作为一种文化形态，它要求建筑在满足功能需求的同时能体现人类生活方式和价值取向。

一座有文化品位的优秀建筑，其精神内涵所散发的光辉常常超越功能本身，其文化意义和艺术感染力常常成为一个时期的文化标志，推动人类文明的进步和发展。

当今，社会生活方式、文化观念、价值观念都发生了很大的变化，建筑文化将呈多元化发展。建筑师既要自觉继承地方建筑文化传统，提炼地域独有的文化特征，创造性地研究和发展本土文化，又要注意吸收世界优秀的文化遗产，在现代建筑的共性中突出地方个性，在协调中做到丰富多彩，"和而不同"，创作有民族和地域文化特色的现代建筑。

建筑的时代性

建筑是一个时代的反映。当今科学技术日新月异，随着新材料、新技术、新结构、新工艺的广泛应用，新思想、新理念也正在改变人们的空间观念和工作模式，使建筑创作进入一个新的时代。

面对当今全球环境的不断恶化，关注节能环保，创建绿色低碳作品已逐渐成为建筑可持续发展的必然趋势。

现代建筑创作要适应当今时代的特点和要求，要用自己的建筑语言来表现当今时代的设计观念、思维方式和科学技术特征，归根到底，是时代精神决定了建筑的主流风格。

创作有中国特色的现代建筑，关键是要处理好时代精神与弘扬传统建筑文化的关系。建筑师应自觉吸收地域文化中的优秀传统，融汇世界人类建筑文化精华，寻求传统文化与现代生活的结合点，创作有文化品位的现代建筑。

图01 人文馆全景
图02 人文馆夜景
图03～图05 人文馆细部

图01

图03

图04

图05

中国特色的建筑设计

下面我以具体的项目实例来解析我们的创作思路。设计伊始，我们首先会从两个方面分析地域条件的特点：第 是具体的气候环境因素，第二是地域文化艺术。以这两点作为依据，提炼出项目所需要表达的内容。遵循这个基本原则所作出的设计作品不仅与环境协调，同时又富有地方文化涵养，不再是单纯的形式主义的推导。

人文馆

第一个实例是华南理工大学的逸夫人文馆。这个项目位于校园东湖旁，是老饭堂的旧址，是整个教学区的中心。初始，师生对此有很多不同的意见，有人提出建高层或者建公园的建议。经过多方面研究，我们考虑到这个地方虽然不大但很重要，它是全校的视线焦点，并且这个建筑本身能提升校园的文化品位。所以我们提出一个环境育人的概念，把这个建筑定位为文化建筑，作为全校师生交流的一个场所。建筑造型以环境设计入手，以适应岭南气候为切入点，体现其风格与文化。该方案最终荣获国家设计金奖。

图01

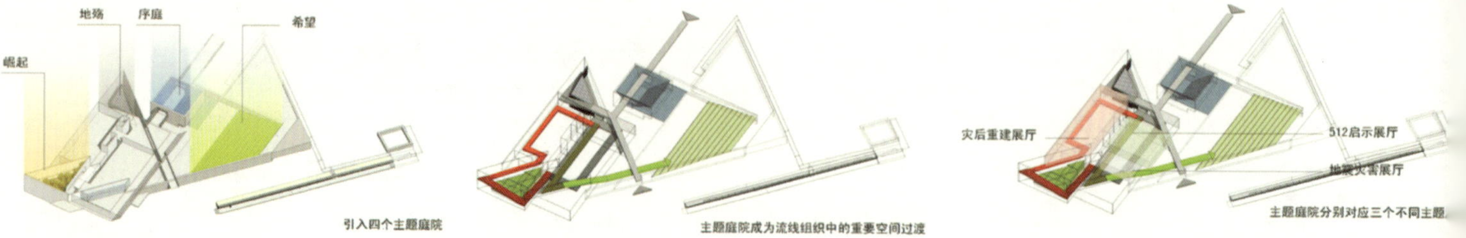

崛起
地殇
序庭
希望
引入四个主题庭院
主题庭院成为流线组织中的重要空间过渡
灾后重建展厅
512启示展厅
地震灾害展厅
主题庭院分别对应三个不同主题

图02

图03

图04

映秀震中纪念地

当年5.12地震的社会影响很大，我们受委托做了几个建筑。映秀震中纪念地是其中之一。纪念地包括遇难同胞埋葬地以及纪念馆。近年，我们做了一些灾难建筑，主要有两类：一类是战争灾难类的，如南京大屠杀纪念馆；一类是自然灾难类的，例如映秀震中纪念地。过去我们做灾难建筑强调的是再现灾难情景，给人心灵震撼。虽然这样可以引起大家重视，但这个并不是我们的目的，我们希望人们参观后不但可以回忆历史，也能看到未来和重生，看到人与自然的和谐。战争灾难类的建筑我们则通过一系列的空间和场所来宣扬和平境界，这些就是我们的原则。灾难类建筑不仅仅为了让人们参观，让人们记住伤痛，还应该是抚慰心灵、重燃希望的场所。

对于当地居民而言，纪念地旁是亲人的坟墓，蕴含着无限的追思。我们第一次去现场时，陪同我们的当地的副镇长心里很难受，我能理解他们的心情。因此，如何建构一个“重生”的精神场所成为这次设计的重点。

纪念馆以大地的形态嵌入环境，与大地形成统一、契合的关系，在朝向城市轴线的东面方向形成切面，架空形成外部空间，纪念馆在大地形体的建筑之中通过院落空间的植入，使建筑与大地之间形成一种内在张力。院落空间是纪念馆的点睛之笔，以序、地殇、崛起、希望为主题的四个庭院来作为主题展厅空间的重要起始、过渡和收结，与地震灾害、灾后重建、5.12启示等三大展览部分的主题相呼应，营造相应的空间氛围和场所精神，形成了一个完整的空间序列，使参观者在整个参观过程中随着空间下沉、上升，以及开、合、收、放的节奏，情绪由凝重逐渐走向舒缓、理性和充满希望。

图01 映秀震中纪念地全景效果图
图02 映秀震中纪念地空间分析图
图03 纪念馆大地景观
图04 纪念馆本土材质的运用

图01

图01　侵华日军南京屠杀遇难同胞纪念馆主入口鸟瞰
图02　侵华日军南京屠杀遇难同胞纪念馆主入口主题雕塑

侵华日军南京屠杀遇难同胞纪念馆

侵华日军南京屠杀遇难同胞纪念馆一期工程是由齐康院士在20世纪80年代主持设计的。这个作品虽然规模不大，却非常具有影响力。一期工程用地长度仅100m，主体是万人坑。南京大屠杀是一个震撼人类心灵的、在世界上具有重大政治意义和历史意义的悲仓事件。因此，政府非常重视纪念馆这个项目，此次将用地扩大到700m长，并邀请众多设计单位参加了此次竞赛，包括国外以纪念性建筑为专长的知名事务所以及国内几个主要的建筑设计单位。该项目中标后我们深感荣幸，因为我觉得这个建筑必须在尊重原作品的基础上来作为它整体的延伸，这已经不仅仅是个建筑设计，而是场所的精神设计。之前，齐先生为这篇文章做了一个主体，我只是在这个基础上完成一篇文章，加了一个前缀、一个结尾，形成由受难纪念部分——悼念部分——和平公园的连续的空间序列。运用这种处理手法和建筑语言强调与原建筑取得和谐统一。

由于纪念馆地块呈断刀状，于是我们将受难纪念部分也做成刀状，并将其升起。这样设计的原因主要有几点。其一，纪念性建筑需要具有震撼性的场所感，要求周边环境空旷安静。经过多年的演变，纪念馆地块周边已经成为车水马龙的闹市，对于气氛的营造十分不利。因此，我们将受难纪念部分升高，将外围的嘈杂隔离在外，把人的心态从非常热闹的城市转到一个新的安静的地方，提升了场所的感染力。其二，有利于参观流线向下布置，以创造一种符合纪念悲惨事件参观的情调。受难纪念部分的端头，是请吴为山雕塑家创作的主题雕塑——一个丈夫被杀的母亲抱着死去的孩子。雕塑的形态写意，透露出一种无奈与悲怆，这与建筑的处理手法是一致的，以“势”诉说着战争的残忍。

纪念馆开幕那天，阴雨绵绵，入口广场的沙石在人们的踩踏下沙沙作响，就像英魂的呐喊。向下走便是入口大厅，地面只有星点的灯光，天花是破碎的万里长城，上书30万。对景墙上每隔12秒换一个人像，象征每12秒就有一个同胞受难。从室外到室内，没有过多复杂的建筑元素，但场所精神却被准确地表达出来了。入口广场之后是主体万人坑部分。一期工程对万人坑的处理较为简单，考虑到需要长期的保护，我们设计了一个黑色的密闭空间。从万人坑出来是祭场，围合的庭院只有毫无生命的碎石和长明灯。在悼念部分，我们还设置了冥思厅，长约20m，两边点上蜡烛，通过墙面的反射，星星点点，很好地烘托了沉思的氛围。最后是和平公园部分，一侧围以浮雕墙，一侧以地景处理的方式将周边的喧闹隔绝。这是一个从死亡到沉痛到哀思到希望的过程，是建筑对特定的文化内涵的成功表达。

图01

图02

图03

图04

图05

图06

玉树州博物馆

玉树藏族自治州，位于青海省南部，古为西羌之地，是康巴文化的发源地。在接到玉树州博物馆的设计任务时，我们并没有急于方案的设计，而是着手研究当地的地域文化。首先是资料的收集，包括当地的环境条件、气候特点、地形地貌等自然特点以及民间信仰、宗教文化、民俗民风等人文特点。其次，我们将收集的原始素材提升到文化的品位来研究，最终筛选出需要表达和强化的部分。

玉树具有非常浓郁的藏文化特色，建筑多为厚重稳固、装饰华丽、粗犷大气。我们以藏式建筑特点为原型，提炼建筑元素，塑造蕴含地方文化的建筑形象。坛城，即曼陀罗，是玉树文化的本源。玉树就是一个坛城的形象，以结古镇为中心、神山环绕；同样结古镇也是一个坛城形象，而玉树博物馆将是这个坛城形象的中心。我们从坛城图案抽象出简单的圆和方作为博物馆的平面肌理，以祈福坛城，昭示福佑三江源藏汉居民，迎接美好新生活。

图01　冥思厅
图02　祭场
图03　受难纪念部分入口大厅
图04　受难纪念部分入口台阶
图05　和平公园
图06　玉树州博物馆全景效果图
图07　坛城
图08　室内空间
图09　藏式建筑

图07

图08

图09

图01

图02

图03

图01　天津博物馆全景效果图
图02　天津博物馆室内效果图
图03　未来大厅展览部分效果图
图04　广州城市展览中心效果图

天津博物馆

改革开放后，中国进入了城市大发展的历史阶段。第一轮的发展重点是深圳，第二轮是上海浦东，现今第三轮发展已经开始。这次发展的重点是北方的门户——天津。天津市政府希望在河西区打造新城的文化中心，包括歌剧院、图书馆、美术馆、博物馆等一系列文化建筑。文化中心的每一部分都进行了国际竞标。我们在博物馆的竞标中获得了胜利。

04

天津博物馆可以说是天津的城市名片，因而建筑形象十分重要。我们为什么会选择现在的建筑体态呢？要知道天津是一个拥有六百多年历史的城市，是以前皇帝出入海外的一个关口。西方的文明在近代也是从天津引进的。如今，天津成为了新的对外开放的窗口，由此，我们就以“窗口”“门户”作为建筑元素。主入口以门的形态出现，六层收口关系隐喻天津六百年的历史沧桑。入口金属铜的闪亮与外墙面石材粗犷形成强烈的对比。步入入口，是大型的功能大厅，呈台阶状上升。每一层代表一个历史阶段，从古代到近代直至现代的成就展览。我们的设计理念得到了评委的一致认同，这就是将文化与时代建筑相结合的成功之处。

图01

澳门大学横琴校区

在澳门特区成立十周年之际，中央将位于珠海横琴新区的107万m^2地块赠予澳门大学。澳门大学对校园环境和建筑风格向我们提出要求——既要有岭南特色，又要有南欧风情，建立一个国际型、开放型、多学科的综合性大学。为此我们专程去南欧进行了考察，最后把校内建筑定位为典雅、小体量的建筑。建筑形式以坡屋顶为主，穿插空廊与虚廊的联系，并增加拱券和水亭的处理。

反思国内大学大尺度校园造成的教学与生活联系不便的缺点，我们在总体规划中有所突破。这个校区规划最大的特点是书院式布局。每个组团均由教学楼与宿舍楼相结合，组成一个立体式的教学生活群落。各个组团则由空中平台相联系，成为师生活动交流的场所。

图02

图03

北京奥运摔跤馆

除了文化建筑，我们也设计了很多体育建筑场馆，例如北京奥运摔跤馆。这个建筑看起来非常简单，重点在于屋顶肌理的表达。正是因为这种强烈的肌理感和逻辑性，建成后的实体与效果图差别并不大，这是难能可贵的。我们做过很多大的工程，有一些建成之后几乎是面目全非，唯独这个建筑从头至尾变化很少，究其原因是形式与内容的统一。现在很多建筑都是做完之后包上各式各样的表皮，与空间形式一点关系也没有。而摔跤馆以钢结构作为结构体系，屋顶线条和外围结构与大空间的空间形式极为贴切，是个优秀的建筑作品。

图01 澳门大学横琴校区鸟瞰
图02 澳门大学横琴校区图书馆室内效果图
图03 澳门大学横琴校区南欧风情建筑效果图
图04 奥运摔跤馆实景
图05 奥运摔跤馆效果图

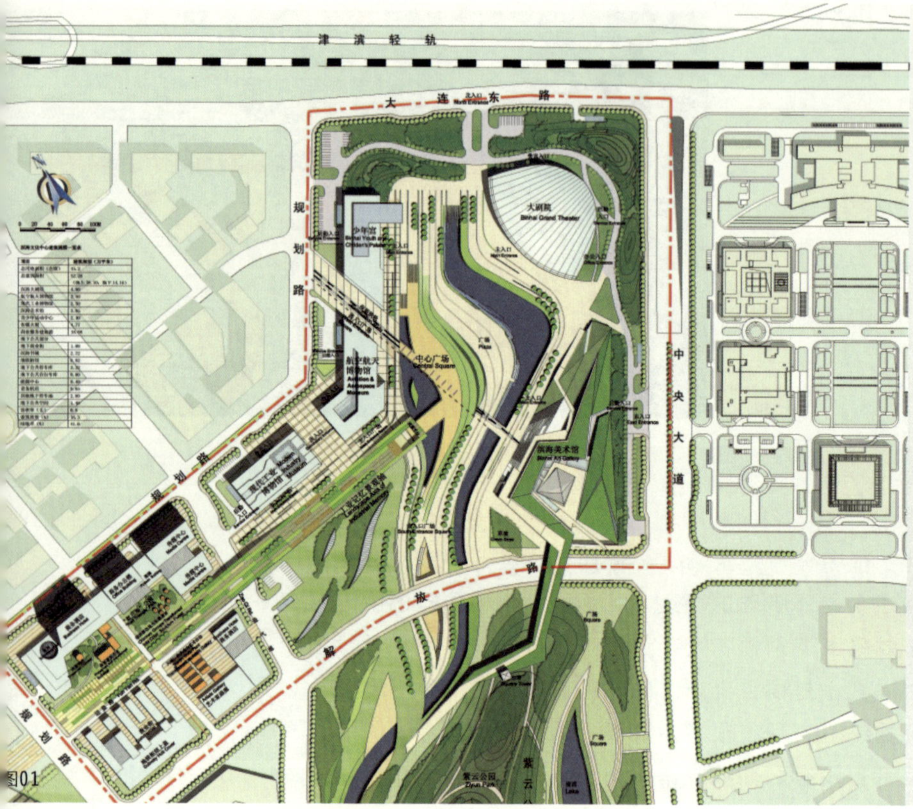

图01

图01 天津滨海文化中心总平面图
图02 杨柳青版画的制作过程
图03 方案的演变
图04 美术馆效果图

图02

刻 版 印 画 年画

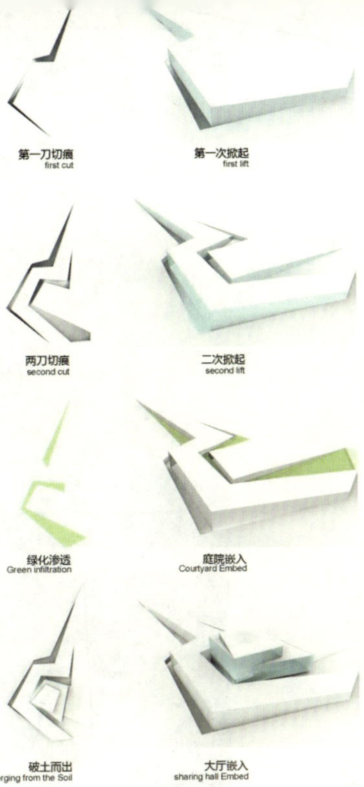

图03

图04

天津滨海新区文化中心设计

天津滨海文化中心所在地块周边是紫云山公园和城市交通枢纽。方案竞标邀请了四家设计公司，每家都需提交总体规划并承担一个单体的设计任务。哈迪德做歌剧院，美国的屈米做现代工业博物馆，荷兰MVRDV做航天博物馆，我的团队设计美术馆。我们做的整体规划并没有局限于规定地块，而是向南延伸，将文化中心、紫云公园和交通枢纽站联系起来，构成新区连续的城市界面和开放空间。

从传统的杨柳青版画到现代的塘沽版画，版画艺术在天津有着悠久的文化传承。美术馆以大地的“刻痕”为设计意向，描绘出滨海新区所特有的地景版画艺术。美术馆的单体设计构思于天津版画的“半印半画”艺术特点。我们模拟版画的刻画艺术特征，在隆起的地面上划下两笔，划开的地面掀起形成入口或玻璃采光面，切割的缝隙形成庭院或开放空间，玻璃块状的共享大厅嵌入形成视觉及空间的汇聚点。对场地的刻画中力求刀法干净利落并强劲有力，使美术馆呈现为独特的大地艺术。我们试图在美术馆建筑设计中贯彻其文化脉络：以大地刻痕，印画着空间线条，其间组织平台、坡道梯级，设置开放的空间场所，以简约的白描线条限定空间类型；在白描空间线图中，吸引公众进入各类可能参与的自创活动，公众的活动参与描绘并二次完善了画境，形成了“印画”交融的场景。在美术中心，一个晶体状的共享大厅破土而出，并与艺术街的公共空间形成对话关系，强化美术馆的标志性。

校园规划

随着国家经济的腾飞，教育事业也备受关注。全国各地大批的校园新区在建设当中。我们在全国范围内设计了一两百个校园项目，以至于在业界已有了“华工模式”的称谓。下面就以几个比较有特色的大学为例，探讨新时代下校园的规划设计。

浙江大学

浙江大学紫金港校区，是我们比较早期的作品。现今的教学方式及社会所需求的人才已不同于过往，我们悟出一个道理就是“环境育人”。在大学学习，除了老师讲课学习，我们还要提供一个氛围环境，让不同学科的人，学生和老师，学生和学生，都可以交流，这样才能激发创新思维。所以我们做的很多大学都是很安静的校区，环路结构。浙江大学紫金港校区全长约2km，“三点一线”的规划结构，以水为中心，极富江南特色。我们还设计了一组教学楼群组，总建筑面积18万m^2，以一条连廊将所有教学楼串联起来，既是交往空间，也有效地解决了交通问题。这个项目获得了1992年国家银奖。

图01

图02

图01　浙江大学教学楼一隅
图02　浙江大学教学楼
图03　江南大学总体鸟瞰
图04　江南大学一河两岸格局
图05　重庆大学山地建筑风格

图03

江南大学

我们在无锡完成了江南大学的规划设计。由于地块西面是太湖风景区，如何将太湖风景区引入校园地块呢？团队通过反复讨论决定运用解构和疏通的处理手法，采用指状型组团布局，在校园内做了很多一河两岸的处理，让水体从各组团间延伸至校园中心地带，并形成横贯南北的校园主轴，意在营造一所园林式大学，从而完全颠覆了传统大学中轴对称，大广场的布局模式。

重庆工学院

众所周知，重庆是山城。重庆工学院花溪校区处于群山环抱之中，整体规划吸纳山区村落的布局理念，没有墨守成规，而是依山造势，因地制宜。单体建筑融合了重庆山区建筑的特点，化整为零，高低错落，极具山川风味。这种建筑的肌理形态跟重庆山川的格局是协调统一的。这个作品也获得了国家银奖。

图04

图05

建筑“三性”的和谐统一

建筑的地域性、文化性、时代性是一个整体的概念，地域是建筑赖以生存的根基，文化是建筑的内涵和品位，时代性体现建筑的精神和发展。

建筑“三性”是相辅相成的，地域性本身就包括地区人文文化和地域时代特征，文化性是地区传统文化和时代特征的综合表现，时代性正是地域特性、传统文脉与现代科技文化的综合发展。

建筑“三性”是设计创新的一个普遍性原则，建筑师在构思过程中，应按项目的性质、用途、时间、地点和条件统筹考虑，正确处理共性和个性的关系，作出正确的创新定位和设计对策，从而创作出有丰富内涵和鲜明特色的作品。

图01　中国馆实景
图02　中国印象
图03　中国器物
图04　中国传统建筑城市

中国馆

我觉得中国馆是“三性”和谐统一的典型代表。中国是2010年世博会的举办国家，中国馆在世博园区内处于统领地位，而基于“城市发展中的中华智慧”的主题，我们将中国馆定位于八个字——中国特色、时代精神。我反复思考两个问题：一个是如何融入中国元素展现中国精神，体现博大精深的中国文化特色；另一个是中国馆如何顺应时代潮流，表达当今时代特色和科技成就。

怎样才能表现中国特色？我们从三方面去思考：首先，从中国的印象里面，从中国的文化符号里去理解中国。通常外国人理解为红色是中国，灯笼是中国，汉字是中国，山水画是中国等。其次，中国出土的文物，如鼎、罐都是中国出品，其造型有鼎盛之势，体现中国精神。最后，中国的城市，中国的建筑构架，中国园林那种意境的表达等都与西方不同。当然还有一个很重要的思想就是和谐观，我们中国东方哲学里面，几千年形成一种和而不同，和谐共处的精神。我们从众多元素中整体领会，以现代手法整合、提炼、构成“东方之冠”的建筑造型，以表达中国文化的内涵和精神特色。清华大学的方案也是从中国独有的元素出发，以篆体文字来表达中国形象。最终，中国馆的整体方案由我们和清华院共同合作完成，由我做总建筑工程师，华工院负责国家馆，地方馆则以清华院为主。在合作中，我们相处得非常愉快，来自不同地方的几个单位形成一个团队，我觉得这也是中国特色。

图03

图04

图01

图02

图03

图04

图01 中国馆细部
图02 中国红
图03 中国红的确定
图04 金属纹理的比选
图05 九州清晏
图06 中国馆屋顶花园

在方案实施的过程中，我们遇到了许多困难，但在团队的通力协作下都迎刃而解。其中最为突出的问题就是色彩的确定和材料的选取。首先，是色彩的确定。我们以中国红作为建筑的主体色调，这是非常大胆的尝试。但什么才是中国红呢？故宫的红，天安门的红，国旗的红还是中华牌香烟的红？我们难以确定。之后，在中国美术学院色彩研究所的帮助下，最终确定了色彩。他们在研究了故宫红之后，发现故宫红并非是单一的红色，而是由多种红色组成。最终，我们确定了四种红色的组合，上面的最深，第二、第三层浅一些，四五六层再浅一些，第七层最亮。然后就是材料的选取。厂家提供了多种材料作为比选，包括金属的、玻璃的、板材的，还有各种新材料。我们最初倾向于玻璃，但发现玻璃的感光性和安全性都存在问题，最后还是选择了金属板。又通过多轮的纹样推敲对比，确定了竖向的肌理。

中国馆屋顶花园也是场馆的亮点之一。花园景观吸收了圆明园的精髓——九州清晏。九州清晏为圆明园中最早的建筑物群之一，亦为“圆明园四十景”之一，其寓意九州大地河清海晏，天下升平，江山永固。“新九州清晏”高出地面14m，面积约2.7万m^2，在世博会期间主要用于人流集散，在世博会后为公共休闲场所。“新九州清晏”以屋顶平台开阔的中心广场寓意内湖水面，以九处园林景观寓意九个岛屿。作为中国馆主体的国家馆位居“新九州”之首，以“雍”命名，取“和谐”“本”“宗”之意；其他八州依地势和气候分别为“田”“泽”“渔”“脊”“林”“甸”“壑”“漠”，这些都是中华大地上的典型地貌景观。圆明园的“九州清晏”被水系分割，当年是用大量的桥连接而成，因此在世博园的屋顶花园中，也是以水面来环绕每个小岛，并在水面上三四厘米处，设立步道，让参观者穿梭水泽之间，体会清凉的感觉。以碧水环绕的九个岛屿通过不同景观的展现反映不同的自然地貌和人的生存状态，象征我国广袤辽阔的疆土。

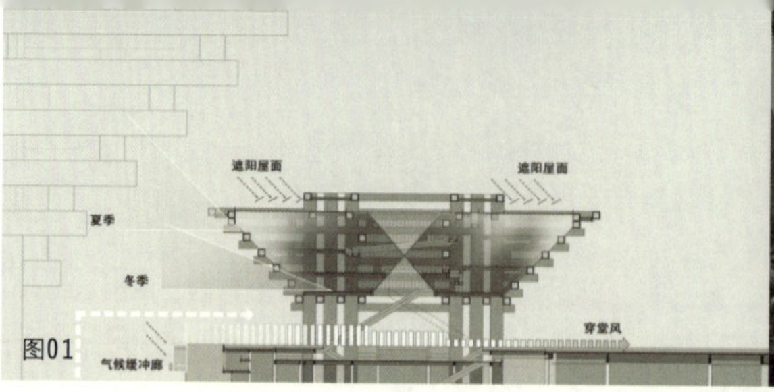

图01

图02

有人说中国馆不如其他馆现代，但我们对时代感的表达并不是对某种新技术的展现，也不是追求怪异夸张的造型艺术。我们专注于现代材料、技术的立体构成：环保、节能、绿色技术的综合运用，实现人与环境和谐交融的建筑、园林和城市开放空间的交融。现今，设计界都热衷于探讨绿色设计，我们在中国馆的设计中并没有盲目追求所谓的节能科技，而是从建筑的形体入手，实现建筑的主动生态节能。层层出挑的结构体系很好地阻挡了夏季阳光的直射，却并不影响视线的通透，下部的架空空间则为等候人群提供了遮光避雨的场所。除此之外，我们还顺利解决了跨越地铁上空的结构问题和消防难题，并与建筑形式取得了和谐统一。

在中国馆由纸面到跃然黄浦江畔的过程中，每个设计师、每个奋战于施工现场的工人们都付出了艰辛的汗水。当胡锦涛主席亲切地握着我们的手，道一声“辛苦”的时候，当在街头巷尾听到人们给予中国馆肯定的时候，我们是欣慰的，我们将继续探求中国特色的建筑之路。“路漫漫其修远兮，吾将上下而求索”。

图03

图04

图05

图06

图07

图08

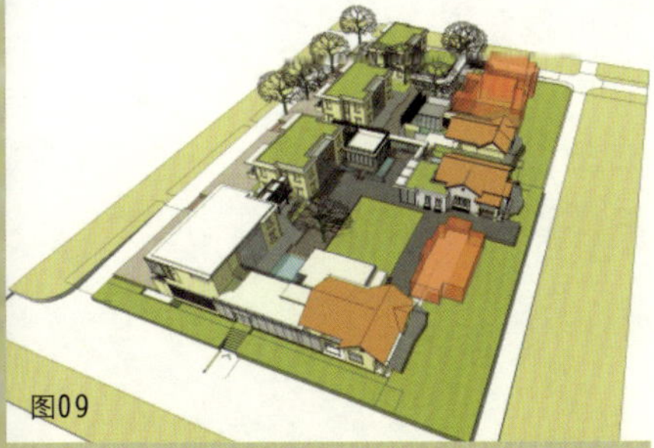

图09

图01　主动生态节能
图02　生态的等候空间
图03　中国馆华工设计团队
图04　旧建筑原貌概览
图05　旧建筑原貌
图06～图08　改造后庭院
图09　改造透视图

何院士工作室

工作室地处广州市天河区五山松花江路，大部分主体都是三四十年代所建成的单层历史保留旧建筑，还有一部分是20世纪70年代建的二层住宅。我们在尊重原有风貌的同时，以现代的手法由内向外进行了全方位改造。对场地的高差进行处理之后，丰富了院内的空间层次感，与高低错落的植物相得益彰。不论室外还是室内，我们只是做了简单的改造，质朴平和，尺度宜人，舒适，颇具岭南特色。

提到对传统文化的传承和创新，日本是值得学习的。日本从明治维新开始，开始也是抄袭和学习外国的，但很快从中提炼精华迅速地与自己的文化结合，所以说日本的建筑总体还是不错的。日本的文化融入到建筑里去，得到了世界的认可，这也与国家地位的认同有关。在现在的很多国际设计竞赛中，中国代表队的表现也不错，当然这个过程和业主也有关，过去总有些崇洋的心态，都是不平等竞争。现在都一样，讲究平等竞争。我们的团队特点是不怕输，在输的过程中锻炼，敢于竞争，敢于竞赛，坚信每一次竞赛都是一次提升。相信在不久的将来，中国建筑师也会创造出属于中国文化独有的新天地。

Q1：众所周知，珠江新城现已成为房地产商的博弈对象，您如何看待珠江新城的规划？在广州现在中心地位不断受到挑战的情况下，广州新的发展机遇在哪里？我们怎么保证它的中心地位不丢失？

何：以我个人的见解，了解一个城市发展过程，不能忽略它的历史。珠江新城现在肯定存在一些问题，但对于十几二十年前的广州来说还是比较先进的。我们不能以现在的想法跟观点去否定它，这种否定也不是一种让人信服的否定。亚运会之后，许多老百姓都觉得珠江新城能够体现广州的一个新的形象。这些优点，我们是需要肯定的。但我们从建筑师、规划师的角度去看，还是发现了一些具体的问题，比如建筑的密度太高。这个区域有很多很有特色的建筑，而有特色的建筑应该具有一个好的背景，应该把它放在一个比较空旷的地方，但在这里的许多建筑都是挤在一起的，缺乏好的背景，比较可惜。现在广州新的中轴线在南面，新的一轮竞赛正在评标。本人非常赞同这一轮应该体现岭南环境和生态的特性，尤其是老城区，现在大家越来越认识到应该保留原来的肌理以及整体的风貌。对一些重要建筑的原真性、历史性要保留，新的建筑要延伸它的风貌。老城区的改造应该在保持原有肌理、风貌的前提下，采用局部抽空的手法，增加绿化、改善公共设施，解决交通问题。希望政府从更大的范围来考虑，即社会效益、环境效益、建筑效益的统筹，而不仅仅是经济效益的平衡。

Q2：2011年我们都在讨论中山六路的骑楼到底是拆还是不拆，您提出要保护骑楼，而且这种形式要成片保护，形成肌理。现在的城市发展很快，出现很多功能综合的建筑，大的玻璃幕墙，摩天大楼，中国的传统建筑好像离我们越来越远，要不是中国馆，我们也许只能在旅游中才能看到讲究传统的山林风水风格的建筑，才能体会生活韵味。我想问在当代城市发展中，传统建筑的保护与发展的形式如何？

何：广州的骑楼其实也是引进外国的，是根据广州的气候演变而来的。遇到下雨，还可以在里面购物、交流、休闲。这种有特色的建筑需要成片，三两个骑楼是形成不了肌理和场所感的。广州这种连续骑楼的形式很有特色。中国是世界文化体系的组成部分，有一定的价值地位。这也与国力增强有关。

一些好的城市，在解决了绿化、公共设施、交通等问题后，都保持原来城市的味道，像一些外国城市，越是小镇越有味道。我觉得中国应该对自己的文化有信心，当然具体问题具体分析，不是所有的都需要保留。广州城市发展很快，老区里具有代表性的东西值得保留，毁掉是很可惜的。现在很多城市都想去恢复它，很多城市现在关注的一个是生态环境，一个是历史文化，他们是在城市文化及环境遭受到了一定的破坏之后才开始反思这些问题。

Q3：唐代有个诗人王维，同时也是个画家，我觉得他肯定也是个设计师。他80岁那年爬到崂山，说“八十老翁何所求”。我觉得何大师现在这样的精气神，气宇轩昂，精神矍铄，对建筑艺术的追求，让我心里很震撼。建筑上也有男女之别，阴阳之分，像广州塔就像个亭亭玉立的少女，而中国馆却像顶立刚强的男子。您作为一个男性设计师，在公众人物中，你觉得哪种女性才是最美的？

何：我觉得在座的各位女设计师都很美，因为她们都是最敬业的。我对建筑的风格是没有固定的，根据不同地域环境，不同要求，赋予它们不同的气质。比如中国馆，就是表达一种自信。很多人看了以后说觉得很感动，给中国人争气了，但其他建筑就不能这样做了。比如现在我们的工作室是很平和，不夸张的，但是很能激发创新的情感。建筑其实是一种场所和感受。很多人喜欢英国馆，觉得我们中国馆不够新，不够超前，但是要把中国馆做成英国馆那样就不行，因为它的定位和文化在那里。建筑是有个性的，没有固定的风格，我们的设计要根据项目要求来定位。时代、地点、环境的变化，任务的不同，就有不同的定位。建筑师不能老钻牛角尖，追求所谓的标志性。全城要标志，区域要标志，甚至一个小区都搞个标志性建筑。因为大部分建筑是融在一起的。建筑师要有气量，要回归自然，不能全做扎哈的建筑，一两个可以，多了不行。我工作了几十年悟出的道理就是找一条平实的创作道路。我们做设计就是要平实，比如校园建筑，不能每个建筑都要做成标志性的。我觉得整个校园的整体风格就是标志性，不能是某一个图书馆是标志。比如整个澳门大学我就只做出一个平实的风格。就像对于每一个问题会有不同的答案一样，我始终都会有自己的理解。

Q4：中国逐渐成为世界的大工地、试验场，许多世界知名大师、设计公司都蜂拥而至，这就造成中国许多大型的建筑项目、知名建筑都是由国外设计师设计的。面对现在这种形势，您作为设计大师，是怎么面对这样的挑战的？其次就是虽然许多建筑由国外设计师完成设计，但施工图却是由中国本土设计院完成，面对这样一种状况，您和您的设计团队，是怎样去突破的？

何：我个人认为，第一，改革开放前中国是比较保守、比较封闭的一个社会。改革开放后中国引进了许多新的思路、新的建筑，对促进我们国家发展起着较大的作用。我觉得中国不应该关上这个大门，要始终坚持对外开放，我也是经过这样的过程不断学习提高的。第二，为什么外国的公司经常能够中标？应该说，一些重要的、大的工程所请外国公司通常都是非常专业的团队。譬如美国SOM建筑设计事务所，在高层和超高层建筑设计方面的成就是得到了公认的。外国团队经过几十年、一百年的积累，经验非常丰富，他们面对各种技术问题都能很熟练地应对。他们获得一些重大工程的中标也是非常自然的，但并不等于只有是外国设计团队才能运作这些项目。我们作为中国的建筑师，一方面应该有自己的自信，另一方面我们也要不断学习、不断进步。不能因为大部分重大工程是外国公司中标，我们就自暴自弃，我们也有自己的强项、优势、优点。对于中国文化、地形地貌的认识，我们的领悟还是比较深刻的。对于之前我所说的，有一块地，我们会从历史上去考虑新的延伸，外国人就未必会这样考虑，所以这种情况下，作为中国的建筑师，一方面要承认我们有差距，不能停止不前。我们这一代是踩着前辈的脚印一步步去接近世界，赶上世界的，在走向世界的这条道路上不断努力。你们年青一代条件更优越，可以踩着我们的肩膀向前走。但你们应该有一个更高的目标，要建设通往世界的桥梁，要站在国家认同的角度去提高。就像要获得诺贝尔奖不是那么容易的事情，要获得奖项，水平是一个问题，最重要的是要人家去认同你。随着我们国家地位的提高，发言权的提高，我想这个问题始终会解决的。作为中国的建筑师，应该建立一条有中国特色的并能够与世界相融合的道路，如果老是跟着人家的道路去走，那是不行的！这样下去我们会边缘化！所以我认为，另一方面我们应该虚心学习，把技术提高，并且要有精神意念。技术和精神理念的结合，才能创作出有文化品位的建筑。

结语

非常高兴来到“筑原学堂”与大家交流建筑创作。筑原是个充满活力，很有品位的设计团队，希望我们今后有更多合作的机会。我虽然70多岁，但我的心态很年轻。我的作品之所以可以得到大家的认可，是我的设计团队共同努力的结果。在创作过程中，年轻的设计师面对不断涌入的各式设计语言，在建构手法上可能会有所困惑，但中国的传统文化博大精深，是培养我们创作灵感的沃土。

在此，我建议大家在工作之余多了解传统文化，只有深厚的文化素养，才能更好地传承进而创新。

中国风景园林现状与筑原景观

Today's Chinese Landscape Architecture and ARTMAN GROUP's Design

LECTURE 8

中国风景园林现状与筑原景观

Today's Chinese Landscape Architecture and ARTMAN GROUP's Design

2011.3.18

录音整理：郑翊旻、陈姗
Record and Text by Zheng Yimin 、 Chen Shan

开篇语

"筑原学堂"已经成功举办了七期，我们有幸邀请到设计领域的多位大师做客学堂与设计师们进行交流与对话。古语云：授人以鱼不如授人以渔。"筑原学堂"意在以"授渔"的方式，提升设计师的设计水平，给予他们了解业内最新资讯和领略大师风采的机会。今天，风景园林界的泰斗孟兆祯院士与杨赉丽教授莅临"筑原学堂"，为我们主讲"筑原学堂"第八期《中国风景园林现状与筑原景观》。我们将以项目介绍与大师点评交互进行的方式进行对话，以便更好地学习与思考。

孟兆祯

中国工程院院士 / 风景园林规划与设计教育家 / 北京林业大学教授 / 博士生导师 / 建设部风景园林专家委员会副主任 / 北京市人民政府园林绿化顾问组组长 / 上海市绿化局顾问组组长 / 中国风景园林学会副理事长 / 北京园林学会名誉理事长 / 韩国庆熙大学设计研究院客座研究员。

研究方向

园林艺术、园林设计、园林工程、园冶例释等课的教学与科研。

主要作品和业绩

培养硕士十余名，博士五名、博士后一名，指导三名学生四次获国际大学生风景园林设计竞赛大奖，被授予师德标兵称号。主编获校颁一等奖的《园林工程》教材。任《中国大百科全书》第二版《建筑、规划、园林》卷副主编，主持园林编辑工作。任《风景园林》杂志名誉主编，发表论著数十篇。其中，《中国古代建筑技术史·掇山》《避暑山庄园林艺术理法赞》《园林工程》《园林是城市发展的生理基础》《展望21世纪的北京园林》均为有影响的代表作。《避暑山庄园林艺术理法赞》获林业部二等奖。主持36项设计，获林业部设计一等奖和深圳市设计一等奖，2004年获首届林业科技贡献奖。赴英、法、美、日、韩以及我国香港等地讲学，主持中韩园林学术交流会。在2005年中外著名风景园林专家学术报告会发表《从来多古意，可以赋新诗——中国风景园林设计理法》。

本讲内容

中国风景园林现状
解读筑原
筑原作品点评
杨赉丽教授谈机遇与融合

中国风景园林现状

目前，国内已有260多个城市，十几年之后将达到500多个。如此高速的城市化进程为风景园林行业的发展创造了基础，但纷繁芜杂的市场形势和巨大的市场需求，也导致了这个行业的浮夸之风。在这个全球化的时代下，国外的经验和理念不断传入国内，本土设计师们面临着外来设计师的挑战。在这样的背景下，“欧陆风”“日韩风”刮向中国的大江南北，与此同时，对传统文化认知的缺失令设计师只会单纯地模仿，设计沦为了模式化的流水线生产，但我相信这一切只是中国风景园林由传统走向现代所必须经历的阶段。那么，如何才能摆脱全球化的束缚，如何才能跳出设计产品化的混沌局面呢？我认为要依靠对传统文化的传承和科学发展观的引导。

人类的文明都是靠世代继承发展不断积累而来的。因此，传统必须得以继承，否则就会渐渐消失，人类也将步入文化的沙漠。中国具有深厚的文化底蕴，造园技艺也曾达到登峰造极的境界，我们所要继承的并不仅仅是传统的符号，而是传统文化的本源和传统造景手法的精髓。“天人合一”可以说是中国传统文化的本纲。“天人合一”体现了人的两个属性：一个是自然属性，即一切生物的共性；一个是社会属性，则是人与其他生物的根本区别。两者的统一便是天人合一。“天人合一”反映了人对自然的向往和尊重，这与风景园林的本源也是一致的。这个思想经过千百年的历史演变仍在不断发展。我们在继承的同时，也要摒弃其中的糟粕，吸收其精华。

中国传统园林历经几千年的发展，曾经取得辉煌的成就。造园艺术到宋代就已经达到了极高的艺术水平，造园技艺甚至远播重洋，日韩园林早期都受到了中国园林的影响。但是现今对传统造园技艺的探索往往流于表面，只是注重假山置石、飞檐翘角这些形式化的模仿。中国传统园林的精髓在于“景以境出”，不论是亭台楼阁、飞瀑流水还是楹联匾额都是在意境上追求诗情画意，这种意境的营造则多是通过“借景”的手法来实现。这个借不是借贷的借，而是凭借的“借”，凭借的就是用地的地宜，即用地的优势。造园便是挖掘地块优势，弥补地块不足的过程，用地是设计的条件，造园的结果便是理想的目标，理想与用地之间的空白便是可供我们发挥的舞台。这是一个由抽象到具体的过程，运用借景的手法来发扬用地的优势。总而言之就是“巧于因借，精在体宜”。

解读筑原

中国从古至今对名称都特别重视，“筑原”这个名称取得比较好，我觉得“筑原”就是一个学科的简称，那就是风景园林。这个学科属于兴造学科，或者叫营造学科，包含范围很广。这里面包括城市规划、建筑、园林。具体而言，就是意为新造的人造自然。人造自然表面看是景，而景又渐变成境，景以境出。这个境是什么呢？境就是地球表面，英文便是landscape。“原”不仅是陆地，也包含水面，它的属性是自然属性，而我们所做的是人造自然，人造就是“筑”了，所以“筑原”也就是人造自然。这就是我对“筑原”两字的体会。

“筑原”这两个字充分显示了我们这个学科的特点——不满足于大自然的恩赐，要以人造自然来补充。所以我们做规划也好，做设计也好，这都是一个沉重的命题，一个从宏观到微观的命题。首先我们要设计的就是地域，就是改造原来的用地，将其变成我们认为比较理想的地形。从这个角度出发，风景园林这个学科的发展不能一蹴而就，而应该是无限的、持续发展的过程。

筑原给我的初步印象可以说是文质彬彬的，它的办公环境非常雅致，会议室、图书馆，乃至走廊内都充满了文化气息，这就是内在与本质。作品也是如此，总的特点就是与时俱进，承前启后，不论是改造旧公园、城市规划还是新建项目，与时俱进是社会生活对我们的要求。

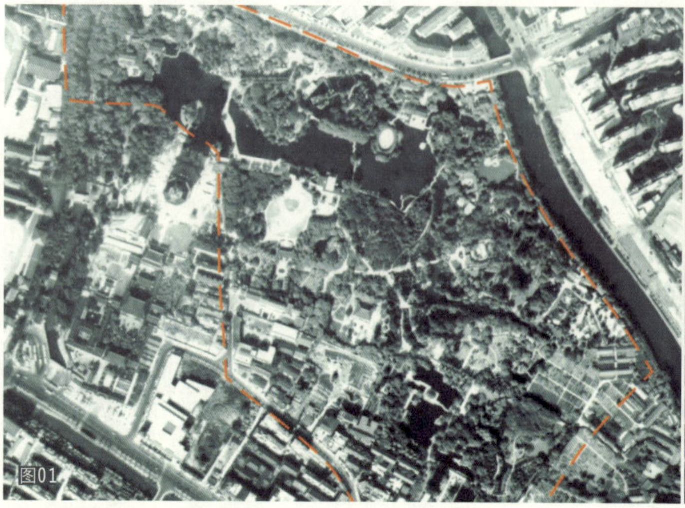

图01

图02

筑原作品点评

常州红梅公园

常州红梅公园占地面积约48.7万m^2，20世纪50年代已经全国闻名。但随着时间的推移，红梅公园已难以满足现代人对公共区域的需求，公共空间亟待改造。政府还要求红梅公园在作为市民休闲场所的同时担负灾时战时的避难场所。这对园内道路系统的指示性与通达性提出了更高的要求。由此，我们以开放性与参与性作为改造的原则，把对园路系统的再造和周边环境的梳理作为设计的重点。同时，园内重点历史建筑(红梅阁、文笔塔)的保护也成为改造的重点。

图03

图04

图05

图06

图01　公园改造前航拍图
图02　公园改造后航拍图
图03　红梅阁
图04　文笔塔
图05　塔影山房
图06　高空步道

图01

红梅阁是红梅公园的标志性建筑，秉承历史建筑“原真性”的保护原则，我们仅对红梅阁周边杂乱的空间进行了梳理。在改造之前，游客经常反映找不到红梅阁的所在。于是在设计中，以红梅阁为中心，规划了一片圆形水域将红梅阁置于其中，形成了强烈的中心感和指向性，园中主要园路均可到达环绕这片水域的环道。同时，在红梅阁前方规划一入口广场，并把红梅阁作为广场景观轴线的终点。在广场铺装的处理上，取冰裂纹结合梅花为意象，加强了红梅阁的主题。这样的处理使得红梅阁的前空间既具有历史感又不乏现代时尚的氛围。

孟：我们要不放过一切借景的机会，触情而生，这样才能够打动游人。其次，可以在名称上发掘梅花的内涵。比如，水池命名为映梅池，桥依然叫映梅桥，变化不大。可以想象一下，梅花映在水里面，清风徐来，就像水在浣洗梅花，我觉得叫浣梅桥韵味更浓。

红梅公园对于常州有着非常大的影响力，因此，对红梅公园的改造更应挖掘其内在特质。筑原的改造成功之处便在于让“意”留存下来，这就是一个从旧到新的改造过程。比方说红梅阁，它是一个旧建筑，但具有历史保护意义，我们在红梅阁前面布置了冰裂纹的铺装，意在冰裂纹和梅花是有关联的，这就是一种借景。梅能抗冰耐雪，不畏严寒。这是很好的设计手法。但有什么不足呢？我觉得不足就是拼缝太大。冰裂从自然现象来讲是一种膨胀产生的不均匀的开裂，所以它的缝是比较细密的，如果将拼缝做大，就更接近龟甲而不是冰裂了，我认为应该把拼缝做细。从质感上来讲，可以采用一种现代的耐压玻砖，它从质感和色彩上来看都更接近自然的冰裂。此外，我觉得中国的另一个传统就是立意之后，围绕这个“意”采取综合的手段来强化主题。比如在冰裂纹铺装的旁边还有一个栏杆，这个栏杆怎样才能强化红梅这个主题呢？从理论上讲，栏杆可以“性化”，“性化”就是随便化，但应因境而成。因此我们就可以采取梅干、梅枝来组成栏杆强调“红梅”的主题。

图01　改造后的红梅阁周边景色

图02　映梅桥

图02

我们在设计中，对道路和桥梁的设置尽量避开树木，通过对地面铺装、树池花台以及置石的处理，将原先单调的道路转化成富有意趣的步行体验区；在树林中，建造了曲折的空中步道，将园路系统延伸至空中，让人们在斑驳的光影中体验穿行的乐趣；对红梅公园的滨水空间也进行了改造；桐林水岸广场不但保留了原有的行列树木，还以一条曲线将单调的直线景观演变为饶有趣味的亲水岸线。

图01　改造后的映梅湖
图02　改造后的杉林静影
图03　俯瞰步道
图04　桐林水岸

孟：我觉得红梅公园的改造整体是做得比较好的，比如桐林水岸做得比较自然，自然而又弯曲，水洼和半岛相映生辉。但是我觉得它还是有不足之处。这种自然的水岸最好是绿线和蓝线相接，即由岸边至水面中心缓缓变深，这样有利于水生植物的生长。就是说这个水岸虽不是原生的，至少也是次生的。现在很多城市，包括长江沿线城镇甚至上海黄浦江都找不到一片自然的水岸。

圩墩遗址公园

圩墩遗址公园原是马家浜文化遗址的挖掘现场，总面积约19.4万m²。其原来的空间非常凌乱，可供游人驻足游赏的空间很少。常州圩墩曾出土一木橹，距今已有六千年的历史，是马家浜出土文物中，至今发现年代最早的。针对这样的情况，常州市人民政府委托我们对公园进行改造。他们希望改造后的园区具有明显的马家浜文化特征并为市民提供休闲和回顾历史的场所。

改造结合园区和博物馆现状，对原有场地进行了扩建。我们深度挖掘马家浜文化的内在特质，让其在景观中活化。

图01

图01　改造后的圩墩公园夜景
图02　设计平面图

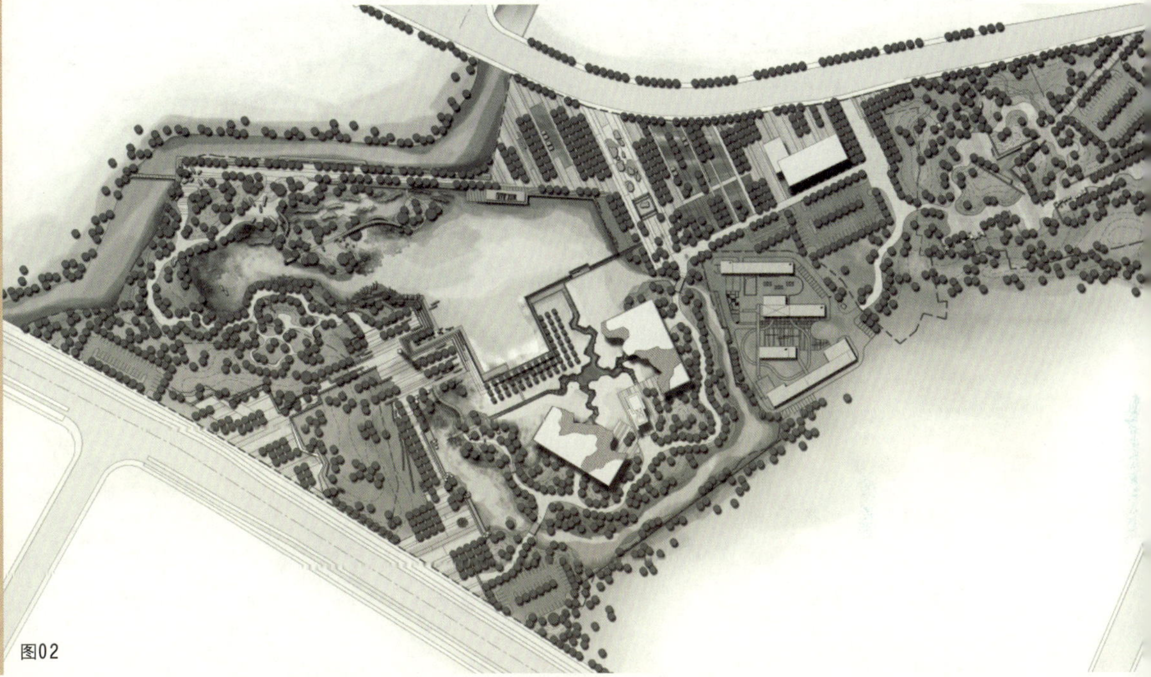

图02

孟：圩墩就是人类改造水乡活动的遗址。圩，指防水护田的堤岸；墩即为土堆。我们如何继承这个名称？在遗址公园中，圩就是长堤，墩就是湖中的岛，在圩上种柳，在墩上种花，就是柳圩秀墩了。这样从整体空间上贴切地表达了水乡的文化意蕴。

图01

图02

图03

由于马家浜文化产生时期还处于石器时代，于是我们以“石器工具”做了一系列的诠释，将石块砌成道路与栏杆，将石器文化灵活地融入景观之中。

渔猎文化也是马家浜文化中的主要组成部分，设计将鱼的形象进行提炼演绎，模仿我们小时候看见的水里游圈的鱼，诠释后形成抽象的石鱼群雕。石鱼以马家浜人所崇尚的圆为活动轨迹，有序排列，错落有致。

图04

图01、图02 石器之岸
图03 以鱼坠为原型的“诞生”雕塑
图04 “乐淘淘，竞自游”石鱼雕塑
图05 中华第一橹
图06 “家”雕塑

橹，是当时长江下游文明的一个象征。江南多水域，舟之往来是人们社会经济文明发展的一个里程碑。我们以出土文物“木橹”为原型，用了差不多400根铁制小橹搭建成一个大橹，高高耸立于水面，构成公园的主题标识。

图05

孟：圩墩遗址公园是基于马家浜文化遗址所建立的，因此挖掘文化并用现代的材料和技术表达就是创新的设计。比如石鱼，在古代是量水深的工具，所谓“石鱼之深”。我们可以把石鱼立起来，作为量水之用，这就是继承。另外，在中国通常把鱼和鸟类结合起来，叫做鲲鹏。这很符合我们的生物进化论，爬虫类、鸟类都是从鱼类进化成的。目前设计的雕塑是与圩墩文化结合，这想法很好。如果雕塑能与鲲鹏结合的话就更加生动了。

图06

家庭饲养家畜也是马家浜文化的一个重要标志，挖掘现场也出土了大量陶猪。我们采用书法中的篆书为构成元素，由“豕”演化出“家”这一主题雕塑。

图01

江苏园艺博览会

江苏园博会是国际投标项目，我们有幸中标并主持设计和施工。规划设计致力于场所精神的解读和场所记忆的回归。博览会原址是一片水塘和农田，我们充分利用原有地形，对水系和场地进行梳理，融入园博会主题改造成集生态展示与游赏于一体的现代园林景观。主持项目的领导曾经要求将场地内的杨树、芦苇这些乡土植被通通移走，我们努力说服甲方将乡土树种保留，营造一种乡土野趣。

图01 园艺博览会全景
图02 自然生态区疏林草地
图03 杨堤风荷

孟：景观设计讲究的是人的自然化和自然的人化。人的自然化是第一步，然后我们还要把自然人化，因此，能够说服甲方最终保留这些乡土植物是正确的。江苇浪击水雾，是野鸭子等水禽的乐园。我们在水岸种植芦苇就要把它的意境体现出来，不仅让它能够给水禽提供温暖的家庭，而且还能营造富有趣味的情境。

“我喝醉了酒走不稳了，想要芦花扶我，芦花很懒不扶我，让我等等，最后我掉到水里去了……”古人很擅长营造这种诗情画境，这是我们要学习的。

其实我们可以充分利用这些水生植物，控制水深在1m以下，做个芦花的专类区。在岸上，可以结合芦花种植禾本科植物，建立一个禾本科之家，这样我们就把科学和艺术完美地联系起来了。这也是钱学森先生十分认可的。

图02

图03

杨赉丽教授谈机遇与融合

听完孟院士的点评，我对“筑原”的作品有了一定的了解。在此，我想谈两点感受。一个是机遇，一个是融合。我跟陈总曾在建设深圳时合作过一段时间，所以我发现一个人的成长跟机遇是分不开的。大家都知道，学习风景园林专业是很辛苦的，陈总在校时就经常熬夜做设计。他在念研究生时，我们接到深圳开发的任务，他抓住这个机遇，非常认真地完成每一项工作，每个方案他都要反复论证，对自己的要求非常严格。

现在的大规模城市开发对在座各位都是机遇，而如果仅仅是盲目地跟风，不负责任地画画了事，这种成果是经不住时间考验的。我看到“筑原”的团队认真地对待每一个项目，注重经验的总结，这是值得提倡的。

对于陈总而言，可能多年的海外历练也是一个机遇。海外的经历给予了他国外的成功经验和开阔的视野。他的成功说明了这些经验与国情是相适应的。我在土木学会里面担任园林景观这一块的评审，发现很多合资企业的作品存在“水土不服”的问题，虽然很多国外新的理念和新颖的手法，可以一下抓住人的眼球，但如果与社会背景和人文背景相违背就注定是失败的。设计应该做到因地制宜。我曾带着这个问题去德国，发现国内外的情况差别很大。在德国，人少地多，他们的景观通常做得很简单，就是大片大片的绿地，成行成列的树木，但在中国人口密度如此大的国家此法照搬是行不通的。所以，我特别注意设计的地域化。陈总是在江南长大的，一方水土养一方人，他有着强烈的江南情结。因此，他可以把这种情结植根下去，将新的元素融入到地域文化中。这次在广东学会的换届报告上，孟院士就提到要将广东的地域文化吃透。比如白天鹅宾馆“故乡水”，它的手法很简朴，就是中国传统的叠石理水，但它营造了岭南的水乡特色。这就是传承与融合，就是真正地打动人心的作品。

广阔的市场和不断的挑战，对我们年轻一代的设计师提出了更高的要求。这个专业学不胜学。不但要具有建筑学的工程技术要求和美学基础，还要提高对植被的认识和提升自身的文化修养。希望你们可以在这个建设大潮中，抓住机遇，提升自我。

与大师对话

Q1：我从初中起学美术，到了大学学习园林，我一直在研究和探索的问题，希望今天可以得到解惑。就是我在一本书上看到英国一个建筑评论家说，中国的传统建筑和园林，在天人合一的思想下，中国人将建筑看成核心，而将园林看成是建筑之外的宇宙，在不断变化生长。我想问您是怎样看待中国的建筑和园林的关系？

孟：建筑和园林是双向的关系，园林结合建筑才是合适的。园林建筑的特点是充分利用地势，因山务水。建筑创作则是逐渐从本身出发到与环境的有机融合。吴良镛讲过建筑今后的发展，不仅是注重本身，还要注重建筑的环境。像流水别墅，别墅本身并没什么特点，特点是与环境的结合。电影艺术家谢添总结过电影艺术是“情理之中，意料之外”，做东西要合情理，但完全合情理没有吸引力，要有意料之外。举个例子，唐代有个寺庙，里面有棵松树长得很茂密，月光照下来，透过树枝分成很多光束，形成自然美，于是有人将它叫做筛月，将纯朴的自然上升到艺术的高度。将社会美融合到自然美中，就创造出园林艺术，这种都是情理之中的。所以建筑和园林要拉近距离，总体设计给予建筑设计发挥的条件，设计建筑也注意与环境结合，景以境出。

Q2：如今信息交流发达，充斥着各种风格流派，现在的设计更趋向于视觉化，具有视觉冲击力，更直观易懂。但中国传统园林是强调含蓄，那么中国园林的发展方向如何？另外，我们年轻的设计师应该如何吸取传统之精华，如何学习传统园林，而不是简单将一些传统园林照搬过来？

孟：看事物有辩证法，有辩也有不辩，与时俱进是辩，万变不离其宗是不辩。因地制宜辩什么？都是实践的总结，我看传统园林在现代的发展，就是现代文人写意自然山水，大气候用大地形，小气候用小地形。植物提供了我们所追求的生态，园林的宗旨就是城市与建筑要结合到绿色之中。还有现代园林如何结合诗情画意，这个是设计者与游人交流的平台。比如说沈园里有个裂开的石头，叫断云，就是反映陆游和唐婉的凄美爱情故事。很多年轻人都觉得古文诗词是八股文，但我觉得传统文学的用词、用字和造句都是值得我们细细钻研的，只有拥有了深厚的文学造诣，才能做到有境有意，景从意生。

结语

看了“筑原”近年的作品，我个人是很认同你们的设计理念和造园手法的。我们现在都在讨论继承与创新。我认为材料技术的进步与文化的结合就可以理解为创新。但是创新的度很难把握，如何才能继承传统而不复古，如何才能创新而又含有古意，这就是我们艺术创作的难度。陈总的海外经验带来了现代的设计手段和材料技术，而他对场地的正确解读、对传统文化的尊重、对专业的坚持，带领“筑原”开创了一条传承与创新结合的道路。经过漫长岁月的沉淀，也许那些曾经盲目建设的项目会慢慢消失，但我相信“筑原”那些饱含人文情怀和自然丰韵的作品是经得起时间打磨的。

城市景观照明的核心问题

Key Issues with Cityscape Lighting

LECTURE 9

城市景观照明的核心问题

Key Issues with Cityscape Lighting

2011.5.16

录音整理：陈嘉

Record and Text by Chen Jia

开篇语

我们筑原学堂在办的过程中，城市规划、城市设计、建筑、景观设计，均已成功举办了几期，而关于城市与光的设计还是第一次。今天，我们请到了曾经与我们筑原有过多次合作的荣浩磊博士，给我们讲述城市景观照明的一些相关知识，并一起分享他做的一些精彩案例。

荣浩磊

博士／高级工程师／北京清华城市规划设计研究院光环境设计研究所所长／中国照明学会理事／北京照明学会理事／《照明设计》杂志社编委会副主任。

研究方向

城市照明、建筑与室内照明、景观照明、居住建筑天然光环境。

主要作品和成绩

国家标准《城市照明规划规范》的主要编制人，作为主要编制人之一参与了地方标准《北京夜景照明技术规范》《北京城市照明标准体系》的编制。专业技术工作涉及主要照明规划、建筑照明设计、景观照明设计等方面。作为项目负责人参与了包括主持北京、西安、广州等城市的照明总体规划；北京CBD、长安街，广州珠江两岸，重庆渝中半岛、常州一路两区，宁波三江六岸等区域的照明详细规划；国家博物馆、广州亚运主要场馆、武汉东站、广州NBA中心、北京金台夕照会所、百子湾建筑师会所等建筑与室内照明设计；奥林匹克森林公园、奥林匹克下沉花园2号院、常州红梅公园、镇江金山湖佛教广场、九华山铜像景区等多项景观照明设计。

本讲主要内容

绪论漫谈
物质空间
人文经济

图01

图02

图01　红梅阁广场夜景
图02　《圣经》神像
图03　日月星辰
图04　激光闪电
图05　日出
图06　晨曦破晓
图07　晚霞

绪论漫谈

光生万象

光生万象——世界之始

首先，从一个照明设计的角度来看，我们说：“光生万象”。

在《圣经》的第一页，神起初创造天地之时说：“要有光”。于是在第一天，就有了光。可见神创造世界的时候，第一件事情就是创造光。到第四天的时候，他还用了一天的时间创造日月星辰，其实这也是光源。神创世七天，有两天跟灯光打交道，所以我们说光是世界之始。

图03

图04

光生万象——神秘之光

光的本质难以探究，所有物质皆具有波粒二象性——万物皆光

光的本质到底是什么？我们可以看到历届的物理学家从牛顿到惠更斯、爱因斯坦……一直到现在，光的本质仍然没有说清楚。只是大家公认一点：光有波粒二象性。最近的一位诺贝尔奖获得者说："万物皆具有波粒二象性"，在他这个观念里面，世间万物其实全都是光，我们看到的可见光只是一小部分。光的物理解释与现实生活离得比较远，我们不必刻意地沉浸在这种终极的问题里面。

光的本质依然神秘，但它的重要性无人怀疑，光是一切……

光生万象——感知之源

人所获得的信息80%来自于视觉，来自于光。

我们说"光生万象"，因为光是我们的感知之源，无论是日出日落、激光闪电、日月星辰，其实都是通过光被感知的。人获得的信息80%来自于视觉，来自于光。在座各位很多是建筑师，建筑大师路易斯·康曾经说过："物质是消耗的光"。他的本意是说你感受到的物质，或者看到的物质，是因为物质反射的光到你的眼睛里并被吸收，所以你才意识到它的存在。这句话说得有点唯心，但是从某种角度上来讲，也具有一定的道理。

图05

图06

图07

图01

图02

光生万象——视觉艺术

凡是视觉艺术，必定离不开光。因为与光有关的课题分四个专项，一是天然光的处理(采光)；第二是人工光的处理(照明)；第三是视觉；第四是色彩。照明不仅仅是一个技术问题，也跟人的主观感受直接相关。所以无论是舞台戏剧、室内设计、装置艺术、景观重塑，都有光的存在。

光生万象——国计民生

光生万象的最后一点，也是现在倍受重视的，与国计民生有关。包括能耗、光污染、对动植物的影响、日照、采光、对人身体和心理上的影响等。比如跟我们紧密相关的居家照明，最好不要使用冷白光，可使用卤钨灯，这种全光谱的光源，对我们的健康有益。而长时间使用高色温的灯，容易导致人体内胆固醇过高，从而影响人的健康。

图03

图01～图03　灯光视觉艺术
图04、图05　里昂灯光艺术节

光是什么？

光是什么？借用一位日本的设计大师在1970年汉诺威展会上的发言，她说："光是视觉、是理解、是领悟、是事业、是思考、是创意、是乐意、是分享、是愉悦、是人性、是教养，光是一切"。其实简洁一点来说，光就是生活。

图04

图05

照明设计

前面是从设计师的角度，阐述了光对我们的重要性。既然光这么重要，那么照明设计是做什么的呢？照明设计内容的价值将体现在哪里？光的要素和职业发展要求体现在哪里？

景观照明

为了方便对照明设计的理解，通过一个词“景观照明”来说明。

对于景观照明有三种理解：

第一种是对景观的照明，也就是对现有载体、环境空间的重塑；我们眼睛看过去，看到灯具和光源。在夜间，我们看到的是夜间的载体，在光的作用之下，它将呈现的另外一种视觉场景。

第二种我们称之为景观上观赏性的照明，就是突出风格或者表达意蕴的主题照明，像光表演，它往往强调一种戏剧化的、冲击性的视觉效果。

第三种在国内采用比较多，用照明设施塑造景观，用灯光小品、光雕塑、特型灯具来形成视觉焦点。在我们的设计中，认为这些属于载体基础条件不足时的补充照明设计手段，但并不是我们鼓励的一种行为。

图01

图02

图03

图01～图03　景观照明
图04　光要素——图式
图05　光要素——色彩
图06　光要素——动态

图04

图05

图06

照明设计能承载多少？

首先，照明设计并不是万能的，但也不能否定自身的行业价值； 其次，在视觉设计层面上，照明和建筑、室内、景观处于平等关系，再者，照明设计师重点实践与研究的对象是对于视觉生理与心理(情感反应)的探索(如全局光)，设计风格与手法的多样性。

光的要素：图式、色彩、动态

光的要素是什么？第一个要素是图式。也就是说在太阳光底下，它是全覆盖的一种均等对待，一旦有照明介入，它肯定是有选择的。光的魅力在于它可以重组一个视觉意象，把它不想表现的东西隐藏起来，我们说物质是消耗的光，有光才能看到，那么我们在运用灯光的时候，可以根据人的主要视线，挑选最美的、最能体现建筑特征的部分照过去，将建筑的韵律感和美感通过灯光表现得淋漓尽致(图04)。

光的第二个要素就是色彩。对于一些历史遗迹(图05)，为什么会发射出这种暖黄色的光？因为在古代，人主要使用的都是天然的火光源，而火光源的色温在2000K左右。那么我们就用比较温暖的色光，回顾人类发展历史。另外灯光还有一个概念就是显色性，比如大家去选灯，或者设计的时候，尤其是在与色彩有关的办公室里面，一定要选用显色性好的光源。

第三个要素就是动态。随着新技术的发展，照明给人带来完全崭新的视觉体验，在白天的时候它可能平淡无奇，到晚间的时候，比如说灯光透过某种材料和一些光源结合可以创造丰富的效果(图06)；另外，动态里面还有一个特点，它能给一个单纯的空间带来丰富的视觉体验，这里面最主要的手段往往不是物质材料的投入，而是照明设计。

图01

职业发展

一个照明设计师能够创造什么样的价值，在于他具备哪些素养。

综合我国国情，从照明设计本身的发展来看，我国灯光设计职业的发展趋势是：第一，从照明工程低层次的实践，向加强照明设计的主导地位、提高照明设计水平，且多方合作方向的发展转换；第二，从一种纯粹技术的照度计算，考虑亮度够不够等方面，开始往一些追求照明的文化品位、美学价值和积极的照明效应的转换；第三，从单纯的追求数量，开始往全面评估质量，重视照明的非量化因素，淡化数量指标，强调个性化的方向转换。

所以，总的来说，照明设计既然称为设计，肯定包含艺术、科学和经济三重意义。艺术方面，需要美学素养；科学方面，需要专业的技术；经济方面，则要有足够的沟通技巧。

图02

图03

图01～图03　扎哈·哈迪德作品欣赏
图04　罗马万神庙
图05　朗香教堂
图06　光之教堂
图07　金贝尔美术馆
图08　德国联邦议会大厦
图09　第七届中国花博会

物质空间

建筑照明

“但凡以字母A打头的职业，如：ARTICT、ARCHITECTURE……都是神的职业……”

回想当年为什么去学建筑学，是被我们老师忽悠的。他说凡是字母A打头的职业，都是神的职业，当时头脑一热，想向神靠近一步，就进了建筑系。这里我结合一些案例来说明照明是如何来做的。首先是建筑照明。

光和建筑——神性

光有很强的神性。比如罗马的万神庙，当光自上而下进入建筑里面，就如同来自天国的天籁之音，引导信徒们去往精神的天堂。在朗香教堂中，随机布置的窗洞形成了不规则的光线图，让人感觉世界没有规则可言，从而自然会去寻找精神的归一。因此。在精神性大于功能性的场所，光扮演了不可替代的角色。

光和建筑——采光控制

早期突显光的方式，往往是自然光结合简洁质朴的材料、宏大明确的空间来形成强烈的明暗对比。随着科技的进步，人们对光的自然崇拜逐渐转为试图控制光。高科技机械美学和采光结合是一种控制光的方式。扎哈·哈迪德是个感情色彩比较丰富的设计师，她的建筑设计一贯有种无规则的流线感觉。因此，在对采光的控制上，喜欢用饱和的颜色形成华丽的效果。此外，色彩有很多功能，能够随感应对象颜色的不同而变化。比如你穿绿色衣服进入没色彩的感应空间，整个空间会变绿，从而形成人与建筑空间的互动，增加建筑的趣味性。

图04

图05

图06

图07

图08

图09

公园广场

由于以前与“筑原”接触的时候，大都是公园景观，所以今天我讲公园广场这一类的案例会比较多。照明，其实不仅仅是一个照亮的问题，也不是一个纯技术的计算，而是涉及几个方面：美学的价值、人文的价值、生态的价值、经济的价值。

奥林匹克下沉广场2号院

美学的价值，单向的评价是从色彩、形体、肌理空间、虚实等去分析。这里举的一个例子是奥林匹克中心区的下沉花园2号院。它的位置大概在鸟巢、水立方往北中轴线的东侧，有七个连续的下沉花园。最早的时候，北京院做总体规划的设计师提出一个构思：把紫禁城红墙拆了以后打碎，然后进行重新组合，进行平面上的构成以后，就变成一系列的下沉花园。因此，他们把它叫做“开放的紫禁城”。

图01

图02

图03

在照明里面，对不同的载体完全采用不同的照明手法。在这个云集中国传统元素的建筑里，对它进行局部重点照明。灯具尽可能隐藏，只把一些有趣味的空间暴露出来。通过光式、投影成为重点照明，让其具有很强的明暗对比。那么对于现代手法的建筑，主要是表现它的肌理，用均匀的光把它打亮。在这个景墙外，灯光跟建筑完全结合，灯具隐藏在玻璃夹墙里，所以这堵墙的肌理被均匀地表现出来(图03)。

图04

图05

图06

图01 2号院走廊夜景
图02 2号院入口夜景
图03 2号院景墙夜景
图04 2号院水池夜景
图05 2号院大门夜景
图06 2号院庭院夜景

镇江金山湖佛教广场

此外，照明设计也能表现出人文价值的取向。光可以附加视觉价值，表现区域的个性化和场所精神。

在镇江金山湖佛教广场这个项目中，金山湖公园的主要出入口与至高点轴线形成对应关系。项目面积不大，载体在建的时候，主要摄取一些跟佛教有关的元素，结合一些自然的树阵等，主要的游线也比较简单。

图01

图02

图03

图01　佛教广场正面夜景
图02　莲花地砖夜景
图03　转经轮塔局部
图04　佛教广场侧面夜景
图05　宝相花地刻夜景

当我们接到这个项目以后，分析它的特质，它不仅与佛教文化有关，还与白娘子水漫金山跟法海斗法的典故有关。这里含有佛教元素和世俗爱情的元素。对佛教而言，我们就分析如何传递它的特质，凡是宗教性的场所，肯定是物质消隐的，没有太多多余的东西，只剩下人、佛和光。这是一个精神性与功能性兼顾的场所，所以会强调明暗、对比的彰显。

此外是色彩，佛教元素肯定是金红色系为主，追求一种庄严祥和的境界。所以我们在光色控制里面也是这样，所有的佛教元素都是金红两个色系。与此相对应的，典故中白娘子的世俗爱情，我们用冷暖对比的另一面，就是冷色调来做一个虚拟的莲花池，那么在这个里面，在金红暖色系列之间，我们用自然还原植被的真实色彩的中间色调作为一个调和，形成从冷到暖的完整光色系列。简而言之，拆整为零，用很多低亮度的灯，来提供一个舒适但又符合场所场景的照明。

图04

图05

图01

图02

常州红梅公园

做设计离不开它的技术细节，要先看项目的价值取向，才能判定到底往哪个方面走。接下来再举一个例子—— 常州红梅公园，改造前的红梅公园是采用传统的江南风格建造的。我们对这个40万m^2的园林的所有观察点都进行视觉分析，然后针对顾及水平面照明的活动场所和固定垂直面照明观赏情景进行分类处理。

图03

当然，遇到某些特别戏剧化的场景的时候，也可以用彩光来感受。大多场景是视觉场景，当载体和形态比较丰富的时候，不宜用过多的手段来处理。同样，照明最忌讳的是哪儿都亮。照明设计需具备很强的把控力，才能把建筑形体的美感、肌理表现出来，突出建筑的重点和空间感。

图04

图05

图01 红梅阁夜景
图02 文笔塔夜景
图03 红梅阁广场夜景
图04 艺术小品夜景
图05 艺术景墙夜景

图01　九华山夜景鸟瞰
图02　虹桥飞天夜景
图03　莲花池夜景
图04　八功德水广场夜景
图05　涤心池夜景

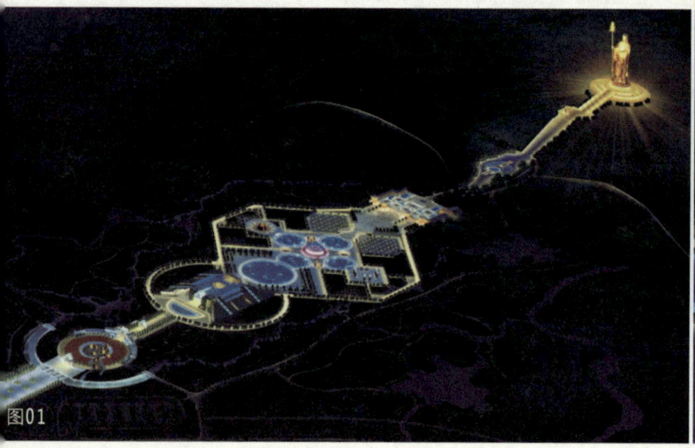

图01

图02

九华山铜像广场

在后期的一些旅游项目的案例中，灯光就不像前面那么收敛了，而是比较夸张。它的目的是刺激和引导城市的观光旅游，为城市带来综合经济效益。

以九华山铜像广场为例，我们首先分析九华山的特点。九华山具有丰富的自然景观和独特的人文景观，其他地方寺庙都是有点像皇家建筑，只有九华山的寺庙，具有皖南民居的特点。但是典型民居的分布很零散、单独，并且规模小。所以整个九华山人文形象缺少标志性，就算记住那座山，可能也记不住它的特征形象。

另外一个特点，九华山有大量的佛事活动，它是中国四大佛教名山之一，但是场地非常有限。其次它是莲花佛国。但是，九华山缺乏一个旅游拳头产品。第一，市场营销不足，旅游形象模糊。第二，旅游产品和其他佛教名山同质化。大家试想一下，是什么吸引你去旅游？你一定会选择在你的日常生活环境里面没有的东西，才会愿意去旅游。而九华山正好缺乏这点，所以我们打造一个标志性视觉形象符号，以及营造一个能激发人们体验的场所。首先是对空间进行重组，从广场入口到佛像雕塑连成一线，强调大小空间、室内外空间线性上的收放。由这种空间视觉不断地收放遮挡，形成丰富的场景。照明设计上利用不同空间转折收放，通过光影的图式变化和光色亮度的控制，来激发游人多种心理体验。这是以“心”为出发点的设计，不是以“物”为出发点的设计。

照明设计由艺术、技术和商业三个组成部分。在艺术方面借用象征美学的手法结合游人的游赏方式，将整个场所分为世俗世界、佛国乐园和心灵世界三个部分。用4000倍到4200倍高色温的现代城市的光色表达入口处的世俗世界。进入后，通过3000倍到300倍的色温对比，以戏剧化的照明来熏染佛国乐园的智慧和光明。这是一些基础的做法，是一种弱对比，让你产生一些兴奋和期待，然后再往前走。中国传统的空间处理上，非常喜欢用桥，这象征两个不同世界的连接，给你一种暗示，因此这个桥我们用均匀的照明凸显出来，暗示另一个世界的边界。越过边界以后，通往另外一个世界。这个时候，灯光形成一个稳定节奏，也没有太多的光色变化，但是感觉上是空间上的延伸，把人往远方引导。这是个先抑后扬的过渡，在进入一个很壮丽的环境之前，先给你一个非常压抑的空间。接着画面突然开朗，巨大的莲花池出现在你面前，在光线和虚拟的莲花构成的巨大的莲花池远处，是一个巨大的莲花雕塑，通过视线的联系，像是给佛像带来巨大的莲花佛光。再往后，也是一些追求视觉的细节照明表现，比这个更丰富，比如地狱之火。

需要注意的是，在做景观照明的时候，灯具需与构筑物结合起来，给灯光要足够的安装空间和管径，还需要有足够的观景空间，在高潮点是一个灯光表演。在广场上，剧院灯光基本上还是使用载体反射，或是高处反射。然后经过高潮以后，又恢复基本的功能照明。

图04

图05

人文经济

情景趣味

“二战”后，照明的装饰作用越来越凸显，光的装置与光表演大行其道……

这里主要从人文经济的角度来阐述光装置方面的内容。二战以后，从整个视觉上看，照明的装饰作用凸显。现在经常可以感觉到，城市的公共空间常被用来举行大型的公共活动，这里也需要光装置跟光表演的配合，有的时候精巧的手法和简单的创意在具体实施之后会形成一个趣味中心。

光——体验

社会发展至今，对人的关怀成为社会关注的焦点，照明设计不再以“物”为中心，而向以“人”为中心转变，照明应与人互动，进而影响和引导人的生活方式。“视觉吸引、信息传递、活动聚集”。人的心理需求和情感反应成为照明设计的重心。

图01

图02

图03

光——情感

提到光跟情感的关系，艺术家能提供什么？在我看来，从“二战”以后，艺术家越来越关心具体可感的有形对象，而艺术成为观众激起一系列生理和心理变化的催化剂。它重要的不是美或不美，而是能不能打动你。

在2004年，石井研子到我们学校来讲学，我就问她：“成为一名好的照明设计师，最重要的是什么”？她想了大概有一分钟，最后说：是“SENSE”，就是感觉。现在在欧洲流行的关键词“EMOTION”，比如这个设计好不好？能不能让观众感动？这占了绝对的评判优势。所以就很看重手法，就某些需要视觉吸引和冲击力的地方，需要很多新的技术和设备提供视觉上的冲击力。当然这个跟传统建筑不一样，它可能讲述这个城市的传统和人文的故事等，并且照明设计由很多视觉艺术家一起来完成。

图04

图05

图06

常州奥体中心

这是一个与人文相关的灯光装置的案例—— 常州奥体中心的照明设计。它体现了在进行大型公共活动中照明所起到的作用。我们接手项目之后觉得，该建筑本身是一种圆形的结构，不适合在照明设计上明确表现这种造型立场，所以我们采取随机的光影构成手法，使它在这种统一色调之下表现自然的变化。

图01、图02 灯光节作品欣赏
图03 斯德哥尔摩抗战纪念灯塔夜景
图04 常州奥体中心蓝色光夜景
图05 常州奥体中心蓝—— 紫色光夜景
图06 常州奥体中心紫色光夜景
图07 常州奥体中心夜景鸟瞰

图07

图01

宁波三江六岸

我们做景观设计经常会遇到一个问题，就是在城市中的历史地段怎样处理？这里介绍的是宁波的三条江。中国现处城市化进程飞快的状况，很多城市都是在10~20年内建成，因此，宁波除了这三条江，感觉跟其他的城市没什么区别，虽然它也有一些高层的建筑，但是它确实比较难形成独特的视觉形象。这个项目地点是在三江交汇、河海交汇的地方。从20世纪50年代起一直到现在，这里一直是整个宁波最核心的地段。我们接到项目之后，对设计的地段进行全方位调研，发现其实宁波比较富裕，它的每栋单体建筑的投入都不少，看起来设计还不错，但夜晚当灯光一亮起来，就觉得它的载体选择比较随意，没有重点和秩序，整个场景看起来缺少设计，也看不出设计的意图。另外，它没有地域的识别性，缺少一种专属宁波所有的特征，也没有形成一个连贯的视觉界面，三条江在这里面没有一个视觉展示，其视觉价值也没有体现出来，看上去很凌乱。

图01　三江六岸夜景鸟瞰
图02　建成后奉化江夜景效果
图03　建成后夜景效果
——附在建筑上的光的桅杆
图04　建成后夜景效果
——光与水的互动

我们做规划的时候，首先从整体上进行一个亮度层次的分布，重要的与不重要的按层次分出来，在色彩上进行全盘控制。在前期分析的基础上提炼宁波所特有的视觉特征，把它变成一个LOGO。宁波原义是海水和波纹，所以它跟海、跟水有关系，有波纹的意向，地理结构是三江交汇，所以我们用“三”作为设计主题。在历史上宁波是郑和下西洋的出发地，也是现代著名的港口城市，所以我们采用桅杆作为纽带把它们联系起来；另外一个特点它是河姆渡文化的起源点，也是儒家文化跟西方科学核心相对碰撞的前沿城市，金色的卢比文明和蓝色的海洋文明的交汇是这个城市的特点，这里面就带给我们另一个构思：金色和蓝色这两种颜色光的叠加产生白光，照明里面显示出这个城市的特征。基于以上原因，所以我们对三条河分别用三种不同的光来照亮：河姆渡遗址发祥地母亲河用金色光来代替；奉化江跟西方港口入港、卸货的地方就是西方一带的，用蓝色光来代替；甬江是两种文化的融合，就用白光来代替。后来桅杆的构思又提升到灯具造型上面，在白天不可避免的情况下，要强化这种形象。功能照明是非常均匀的，景观照明则可以更加随机，这是很大的举措。这就要求照明设计师和建筑师配合时，不但要尊重建筑，还要表现建筑的构筑特点，等等。但在这个项目中，建筑的体量、风格基本趋同，没有特点，为了在地域上形成可识性，我们把桅杆意向用灯光造型的形式直接附加到建筑外表上，用这种看似“大胆粗暴”的手法，形成了比较强的视觉冲击力。

图03

图04

图01

图02

图03

城市形象

广州新中轴花城广场

大尺度的照明关系到城市的形象。以广州的新中轴为例，我认为在亚运会期间的规划设计有30%~40%基本上能够实现。完成之后曾经想开庆功会，结果我把它变成了一场批斗会。不管怎样，跟之前比还是有一些变化。大家可以看到除了新中轴以外的其他区域都是显示性很差的黄色钠灯，整个画面都是黄色。而我们的意图是以白光为主调，以现代灯光为主，因为它是办公楼，从通往海心沙这块特殊的场所开始，公共区域色彩越来越丰富，动态越来越强烈，大致这样的总体思路是希望它和整个广州的背景剥离开来。现在有很多楼还没有建完，但大家可以看到基本意图已得到实现，最初与城市相接的部分是静态的表现，而且是真实地还原植物本来色彩，形成比较安逸的气氛，和城市面貌还是有一点剥离，很吸引人进入。

现在对LED产品的应用大家要谨慎，举个例子。在卡斯顿酒店进行照明改造的时候，我发现它有一段的灯灭了，整修的时候发现这是三年前做的项目，当时LED产品的光照度就很低，30流明/瓦都没有，现在坏了，要修的时候你却买不到这个芯片、这种灯具，所以你的选择就是要么全部更换，要么就让那一块的亮度比其他的亮。这是很尴尬的。

图04

图05

图01、图02　花城广场局部夜景
图03　亚运开幕场馆夜景
图04　花城广场夜景
图05　海藻广场夜景
图06　游泳馆夜景

广州奥体中心

再举一个例子，与亚运相关的项目——广州奥体中心。奥体中心的照明其实在规划上也有统一的意识，它们几个建筑各具特色，但在照明上，我们首先从色彩上统一，选择五环上的四个颜色。田径馆我们用红色作为主色调；游泳馆我们选择蓝色作为主色调；网球馆我们用草地的绿色作为主色调；练球场地我们用黄色作为主色调。这些建筑虽然外形不一样，但我们还是觉得它们有共同点，顶部都是一个曲线型的特征，底部都是贯穿地面竖向的支撑结构，地面上是人流聚散广场，所以我们的理念为顶部是一种飘逸和聚集的能量，底部是表现能量的传递，地面是一个延伸互动。当它转到一定的尺度，比如说转到支撑结构的时候，这些结构上的能量就会从顶部往下传递，相同的光色代表着传递，传到地面可以看到模拟的闪电等效果。

图06

图01

重庆渝中半岛

接下来给大家介绍最后一个案例，就是重庆的渝中半岛。这是到目前为止，我们做的单个体量最大的项目。重庆渝州半岛夜景照明方案设计是当地政府发起的城市夜景建设的另一个高峰。整个半岛照明从全局出发统筹规划；以地标建筑、山形组团、山谷驳岸三大载体分类，统摄复杂的空间形态，提取山、水、雾、舟、林的主题，表达建筑组团的群体意向，并在整体联动性的动态光表演中，以复现“九开八闭”的历史古城墙承载现代的信息之门，充分展现当下快速成长的中国城市特质。

图02

图01、图02 渝中半岛夜景

与大师对话

Q1: 荣博士，您好！您之前是学建筑的，请问，是基于什么原因您不做建筑改去做照明，而且还做得这么好？之前我了解的照明没有您做得这么有层次，感觉只是一个建筑设计，现在看来照明设计可能比建筑设计还要考究。谢谢！

荣：因为照明设计的自由度更大，而且当时我确实觉得国内没有这方面的专业人才，甚至连专业教育都没有，我琢磨着这一块领域肯定会有很大的发展。也许我在建筑这个领域一直干下去，最后也只是一个设计师，但是照明这个行业发展起来我可能会有更多机会，结果事实也证明了这一点，我们确实接触到了很多非常重要的项目。

Q2：请问除了LED灯，还有哪些节能灯具？

荣：首先LED是个新产业，是个新的发展方向，这一点我觉得没有问题；但说到它的节能，很多时候只是跟传统卤钨光源来对比，就是与白色光源来对比，它是节能的。但是从光效来讲，现在技术水平已发展到能达到120流明/瓦，但常用的也是在70流明/瓦左右，比起金卤灯，还有建筑照明的钠灯光效还要低很多，同时它还是一个指向性光源，所以有它一定的优势，但我还是强调仅仅从节能的角度来讲，目前来说它还不具备压倒性优势，只是它有很多优点，而且它可以跟控制结合起来，我们甚至说LED光源发展下去，它不是一个传统的光源层，它是ITB，因为它的发光原理需要一个电子产品，而且能和控制很方便地结合。举一个例子：我们去外国看同行研发的时候，它本身不但是发光源，还是一个光感应器，你可以用手控制它，比如说用手一晃，手的颤动会让它激发，然后跟着变化，所以它会有很强的互动、控制等方面的优势；另外一个它确实有很多传统光源没有的优势，比如说它是冷光源，超市里那些生鲜、肉类、海鲜，如果用传统卤光源就有很多红外线、热量，你还要用一些滤镜把它去掉，但LED就没有，它的光谱可以进行很窄的波动，所以它可以获得冷的、不会增加热量的光，而且它本身又抗震动，这些都是它的优势；但另一方面，它的优势也会带来一些局限，比如说LED光源在显色性好的产品里往往表现就不会太好，因为它要在光谱里面进行比较均匀的分布，就会损失这方面资源，所以作为发展方向来说它是值得肯定的，但在目前来说大家还在不断挖掘它的优势，不能说它是完美的。

Q3：今天非常激动，这是一场光的视觉盛宴，非常感谢荣博士的到来。我想一个城市的照明对城市至关重要，甚至可以代表一个城市的形象。当我们想到香港就想到香港的夜景，异彩纷呈，那么地炫丽夺目。关于在照明设计上，我想请教荣博士一个问题，在做建筑照明的时候，对于建筑原有的形态、意识，您是如何看待的？以及您是如何来实现自己想法的？谢谢！

荣：因为我是建筑师出身，所以跟建筑师非常容易沟通；而且我也很重视跟他们之间的沟通，每个建筑只要条件允许，我一定要跟原创的建筑师面对面地进行一次交谈，甚至多次的交谈，来了解他本身的意向。但是同时，我觉得照明设计，有它自身的职业价值，建筑师对于照明的手段和可能达到的效果他并不了解，有时候我可能会帮助他拓展这种可能性，增加新的视觉意象。在尊重建筑师的同时，通过灯光的设计将展现建筑新的视觉效果是我们这个行业的价值所在。所以我认为照明设计师跟建筑师的合作会给建筑行业带来新的价值。

Q4：今天听了荣博士的讲座，让我对照明设计有了一个很充分的了解。请教荣博士，您怎么看待中国的照明设计与国外照明设计的区别？未来照明设计发展的趋势又将怎样？第二是一个题外话，对照明设计费用又是怎么计算的？

荣：照明设计这方面，我觉得中国的情况跟国外的情况还是有相当大的差距，他们比我们提前了20年，但这个差距主要就是在价值观的判断上。什么是好的照明？我们国内的照明往往说是亮化工程，但是国外把城市照明看成是美化城市的重要手段，我们强调亮，他们强调美，我想这是最大的差距。国外照明设计师，以欧洲为例，三分之一是建筑师转行，三分之一是室内设计师转行，还有三分之一是其他设计师，就连服装设计师转行的都有。国内早年的时候有很多是电气工程师在做，这相当于让一个结构工程师去设计建筑一样。所以我觉得最大的问题还是价值观的宣传，让大家共同探讨什么是好照明，以及照明到底能起到什么作用。
关于费用的问题，国外照明设计师的费用在它们投资额的10%以上，因为照明的投资还是相对少，国内是按照工程大小来算。而我不希望根据投资量的比例来算，有两个原因：第一，国内如果按照工程取费的话就很低；第二，在设计的时候，我们还是希望有一定品质保障的根据，来保障设计的效果。但我不想说，因为我的设计取费跟投资挂钩，甲方会以为我推荐好产品，是因为我要多赚设计费，我宁可把这两件事情剥离开。比如说景观园林面积是多少，就按照面积来算，或者按照工程进度和设计面积来算。但确实没有一个很规范的业内标准，这是我们很苦恼的事情。

结语

由于我不知道大家对光的了解有多少，所以我不想把它讲得很专业，也没有特别的深奥。最后我们一起回顾一下我们今晚所讲到的内容，希望能再次加深大家对光的了解。我今天分三个部分阐述了城市景观照明：第一部分是照明漫谈，让大家对光有个基本了解；第二部分是物质空间的照明，主要讲的是建筑、公园广场的照明，是跟大家平时工作联系比较紧密的；第三个部分讲的是在城市大尺度地进行一些光表演的案例。
简而言之，我觉得灯光设计是一门艺术，这种艺术魅力的展现需借助技术的力量来表达。现在中国的很多城市景观通过这种艺术变得越来越丰富，人们的生活也因此绚烂多彩。但我们都知道中国最讲究综合、讲究得体、讲究一个度，在这样一个背景下，灯光设计到什么程度是最得体、最合适的？我觉得这可能是需要我们大家一起去思考的问题。

气候变化背景下的低碳设计理念

Low-Carbon Design Idea in Context of Climate Change

LECTURE 10

气候变化背景下的低碳设计理念

Low-Carbon Design Idea in Context of Climate Change

2011.6.17

录音整理：刘莉、安陆禄
Record and Text by Liu Li,An Lulu

开篇语

哥本哈根气候大会后，全世界都涌动着一股“低碳潮”。但是很多人并不是真正的了解低碳。今天我们请来了浙江农林大学周国模校长给我们做关于低碳方面的讲座，带领我们系统地了解一下低碳的内在含义以及低碳与我们设计相关的方方面面，希望能对大家有所启发。

周国模

博士、教授、硕士生导师 / 上海交通大学和北京林业大学兼职博士生导师 / 浙江农林大学校长、党委副书记 / 中国林学会森林经理分会副理事长、浙江省林学会副理事长 / 浙江省省级重点学科森林经理学科带头人 / 浙江省森林生态系统碳循环与固碳减排重点实验室主任 / 浙江农林大学和清华大学等9校联合实验室“低碳与物联网技术联合实验室”学术委员会主任 / 浙江省重点创新团队——林业碳汇与计量科技创新团队带头人。

研究方向

森林资源信息化管理技术、森林可持续经营理论与技术。

主要作品和业绩

国家精品课程《森林经理学》负责人；1997年被评为浙江省高校中青年学科带头人，2000年被荣获中国林业青年科技奖获得者，2001年获国务院政府特殊津贴，2001年被评为浙江省农业科技先进工作者，2008年入选浙江省“151人才工程”重点资助培养人员，2009年获海峡两岸林业敬业奖。

本讲主要内容

气候变化使低碳发展成为必然
气候问题与人居环境的低碳诉求
低碳城市建设时低碳设计的重点
低碳城市设计

图01

气候变化使低碳发展成为必然

全世界都在关注气候变化这个问题，在1998年，世界气象组织和联合国发展署在政府间专门成立了一个气象委员会，英文的缩写就是IPCC。IPCC每隔6年左右出一次气象报告，到2007年已经出了第四次报告，从去年开始着手于第五次报告。报告主要从技术、政策和原因三个方面进行研究。

2007年IPCC第四次报告结论得出：气候变暖、温室气体(GHG)浓度增高、未来全球温度仍会增高以及控制全球温度增高需要付出经济代价这些问题是不容置疑的。

我们都共同面临着全球升温、冰川融化、海平面上升等气候变化带来的一系列问题。此外，全球气候变化还会产生日趋严重的极端气候，带来旱涝急转，极端降雨频率增高等后果。所以如何应对全球气候变化问题显得非常迫切。

IPCC第四次报告(2007)背景介绍：

政府间气候变化专门委员会(IPCC)2007年完成第四次报告，该报告由世界上4000多位科学家共同完成。主要作者168位，35%来自发展中国家，65%来自发达国家。贡献作者84位，评审专家485位，并经IPCC180个成员国政府代表逐行审议通过。

IPCC第四次报告(2007)主要结论：

气候变暖不容置疑，目前从全球平均气温、海温升高、大范围冰雪融化以及海平面上升的观测数据中可以看出气候变暖是明显的。

自1850年以来，最近12年(1995-2006年)中有11个年份位列最暖。

气候变化原因是大气中的温室气体(GHG)浓度增高：1750年以来人类活动导致大气中二氧化碳、甲烷和氧化亚氮浓度明显增加，目前已经远远超出了根据水芯记录测定的工业化前几千年中的浓度值。

未来全球温度仍会增高：按当前全球的发展模式和应对气候变化的政策，未来几十年全球温室气体排放仍会持续增加，预计到21世纪末，全球平均地表温度可能会升高1.1~6.4℃。

控制全球温度增高需要付出经济代价：通过实施一系列技术方案，把温室气体排放稳定在某个水平上会影响经济发展，并且经济投入会随着控制温室气体浓度水平目标的提高而上升。

图02

图03

图04

全球气候变化事实

全球气温上升——2007年IPCC报告：过去100年(1906-2005)全球平均温度上升了0.74℃，CO_2浓度同步升高。过去50年的地表升温率几乎是过去100年的两倍。自1850年以来，最近12年(1995-2006)中，有11个年份位列最暖。

冰川融化——全球气温变暖，影响最为明显的是极地的冰川融化，现在它融化的速度已经远远超过了模型预测的速度。与此同时，中国的冰川也在极速融化。在过去的50年里，中国西北地区的冰川已经缩小了21%，并正在以每年10~15m的速度消退，预计到2050年，中国西部冰川将减少27%。这样的消退影响非常大，因为我国西北部冰川融化的雪水是亚洲大部分的淡水水源。45年来，在世界范围内，我们已经失去了逾9000立方千米的冰。

海平面上升——冰川融化后，产生的最大影响就是海平面的上升。20世纪全球海平面上升约17cm。自1961年以来，全球平均海平面上升的平均速率为1.8mm/年，而从1993年以来平均速率为3.1mm/年。在中国，近30年来，中国沿海海平面平均上升速率为2.6mm/年。近50年来，浙江沿海海平面平均上升速率为3.3mm/年，高出全国海域海平面平均上升速率约30%。

那么海平面上升将会给对中国带来什么样的影响？根据IPCC的报告：“在中国，海平面上升30cm将淹没81348km^2的沿海低地”，这个面积相当于浙江省的五分之四。

图05

图06

图01　冰岛火山爆发
图02、图03　极地冰川融化
图04~图06　极端气候日趋严重

全球气候变化主要原因

全球气候变暖的事实是显而易见的。那么导致全球气候变暖的原因是什么呢？

主要可以分为自然因素和人为因素两大方面。自然因素包括地球运行轨道、太阳提供热量变化、地球气候系统不稳定、火山爆发等。而人为因素是关键因素，人类活动排放大量温室气体，大气中的温室气体积累形成温室效应，使得气候变暖。

现在我们看看，IPCC报告的表述：

第二次(1995)：权衡各种证据显示全球变暖是由人类活动造成的。

第三次(2001)：过去50年观测到的大部分增暖可能(66%的可能性)归因于人类活动。

第四次(2007)：人类活动很可能(90%的可能性)是气候变暖的主要原因。

温室气体包括二氧化碳(CO_2)、甲烷(CH_4)、氧化亚氮(N_2O)、氢氟碳化物(HFCs)、全氟化碳(PFCs)和六氟化硫(SF_6)，这些气体的排放是《联合国气候变化框架公约》涉及的排放。全球温室气体的排放量中CO_2占主要部分，其中大部分的CO_2来自石化燃料的使用，其他部分来自毁林开荒、生物腐蚀物等。

可以说CO_2是气候变暖的主要温室气体。2004年排放到大气中的CO_2为380亿吨，据推算CO_2对全球气候变暖的贡献率为70%以上。据IPCC报告，如不制定有效的对付气候变化问题的政策和措施，到了2100年，每年由石化燃料产生的CO_2排放量将从290亿吨上升到350亿吨。这意味着，大气中CO_2的浓度将由现在的大约380亿吨(单位体积的百万分之一)上升到2100年的550亿～1000亿吨(单位体积的百分之一)。

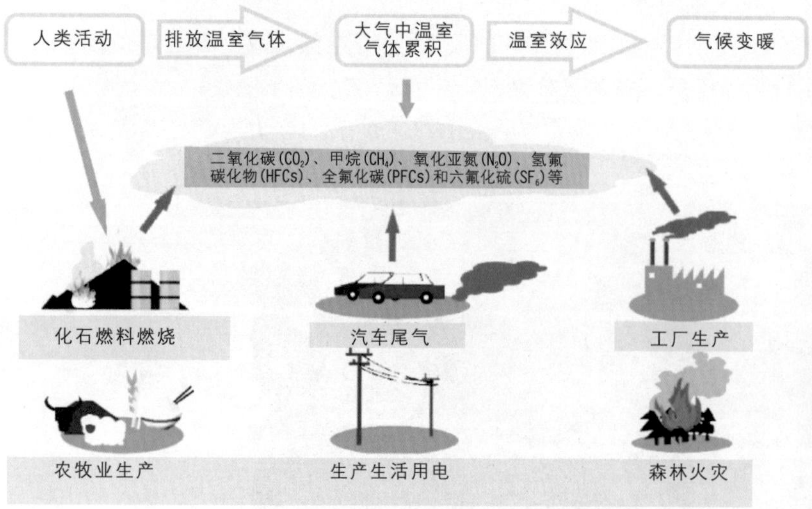

图01

图01　人居生活对全球气候的影响

图02　人工将CO_2气体捕获封存在海底的示意

图03　碳捕获和利用海洋进行碳封存示意图

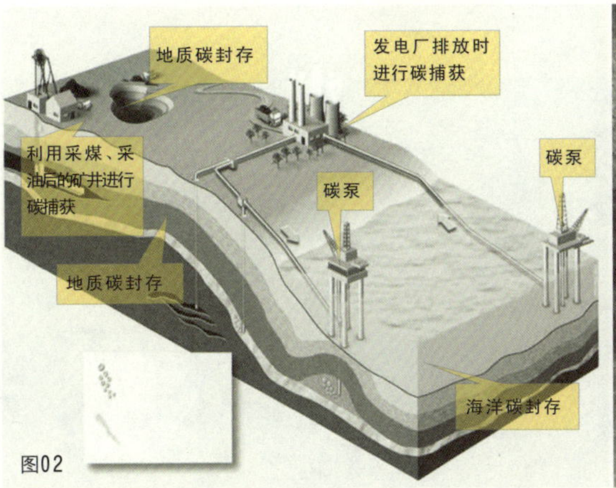

图02

图03

如何应对全球气候变化

无论采取何种方案，未来全球气温上升是持续的，但是控制温室气体的排放，对气温上升的速度有滞后效应。现在应对气候变化的方法主要有两个方面，一方面是“减缓”，另一方面是“适应”。

减缓——主要是降低大气中温室气体的浓度，主要是降低CO_2的浓度。它包括减少CO_2排放量和增加CO_2的固持量，主要有人工固持和生物固持两种方式。

人工固持(封存)：即人工将CO_2气体捕获封存在海底、岩层里。这种方法带来几个问题，第一是成本比较高；第二是在CO_2气体捕获过程中，要消耗能源，也会产生CO_2；第三是安全性问题，一旦发生地质变化，封存的CO_2就会从地底跑出来。

生物固持(吸收)：直接让绿色植物吸收CO_2气体。利用以林木为主体的植物吸收大量的CO_2，通过光合作用转换成氧。这种方法目前被认为是最有效、最经济的方法。

适应——如之前所说，即使温室气体控制了，温度仍然要提高。因此就要适应已引起的气候变化，并提高适应能力，把负面影响控制在最小范围。

背景介绍：

低碳经济——指在可持续发展理念指导下，通过技术创新、制度创新、产业转型、新能源开发等多种手段，尽可能地减少煤炭石油等高碳能源消耗，减少温室气体排放，达到经济社会发展与生态环境保护双赢的一种经济发展形态。

低碳经济的实质——能源利用效率和清洁能源结构。

低碳经济的核心——能源技术创新、制度创新和人类生存发展观念的根本性转变。

碳经济的特征——低能耗、低污染、低排放。

发展低碳经济——气候变化的必然选择。

“低碳经济”已取得全球越来越多的国家认同。自2003年英国首次提出发展低碳经济战略，世界各国均给予了积极的评价，掀起了一股发展低碳经济的浪潮。

应对气候变化——最重要的国际议题。

气候变化现在已从科学家关注，转到政治家关注，普及到一般民众关注的问题。为应对气候变化问题，世界各国举行了各种会议并签订了《联合国气候变化框架公约》《京都议定书》《巴厘路线图》《哥本哈根协议》等。

人居环境的相关概念

人居环境：人类聚居生活的地方(包括乡村、集镇、城市等)，是与人类生存活动密切相关的地表空间，是人类在大自然中赖以生存的基地，是人类利用自然、改造自然的主要场所。

人居环境科学：一门以人类聚居(乡村、集镇、城市等)为研究对象，着重探讨人与环境之间的相互联系的科学。它强调把人类聚居作为一个整体，而不像城市规划学、地理学、社会学等那样只涉及人类聚居的某一部分或是某个侧面。

人居环境学科的研究前提：人居环境的 核心是“人”，人居环境研究以满足人，“人类居住”需要为目的。大自然是人居环境的基础，人类的生产生活以及人居环境建设离不开广阔的自然背景。人居环境是人类与自然之间发生联系和作用的中介，理想的人居环境建设是实现人与自然的和谐。人居环境内容复杂，人在居住环境中结成社会，进行各种社会活动，努力创造宜人的居住地，并进一步形成更大规模、更为复杂的支撑网络。人类创造人居环境，人居环境又对人类的行为产生影响。

气候问题与人居环境的低碳诉求

气候变化就像一本世界末日论的书，历史已经见证了许多文明的兴衰更替。人居环境发展过程中充满了随机性，当文明挣脱了环境持续性的缰绳之后就会面临崩溃的威胁。

气候变化使人们逐渐认识到工业文明在创造了辉煌的物质成果的同时，也对自然环境造成了难以弥补的损害，严重威胁着人类的聚居环境。

规划设计师的任务就是充分利用你们的智慧和知识，控制这匹“脱缰之马”，让人类有个安定、幸福的“家”。

人居环境的五大系统与气候变化

自然系统

自然是指气候、水、土地、植物、动物、地理、地形、资源等。自然环境变化具有不可逆性和不可弥补性。气候变化从根本上反映了人与自然的对立，即人对自然系统的破坏。工业文明的肆意扩张，人对煤炭、石油等不可再生自然资源的大肆开发，最终导致气候灾难的发生。因此气候问题的解决必须以“尊重自然”为前提。

人类系统

人既是自然界的改造者，又是人类社会的创造者。人类系统的主体是“人”，侧重于对人的物质的需求、生理、心理、行为等有关的机制及原理、理论的分析。应对气候变化，建设低碳的人居环境，必须关注对作为个体聚居者的人的低碳理念和低碳行为的引领。

社会系统

人居环境是人与人共处的居住环境，是人群活动的场所。社会就是人们在相互交往和共同活动的过程中形成的相互关系。人居环境的社会系统主要是指公共管理和法律、社会关系、人口趋势、文化特征、社会分化、经济发展、健康和福利等。社会的发展是通过人的活动实现的，人居环境不仅要看到聚落“空间”以及其“实体”的方面，还要看到生活于其中的人的“活动”。气候变化的应对要关注城市实体方面的建设，也要关注社会得以运行所依托的社会政策、管理制度、经济发展策略等社会层面的人类活动。

居住系统

居住系统主要指住宅、社区设施、城市中心等，是人类系统、社会系统等需要利用的居住物质环境及艺术特征。

城市被视为公民生活和活动的公共场所。人居环境研究的一个战略性问题就是如何安排公共空间和其他非建筑物及类似用途的空间。建筑作为城市空间最主要的组成部分，是与人类联系最为紧密的空间。建筑的设计和使用，对于人类的发展、社会的进步都具有重要意义。在全世界温室气体的总量中，居住环境中仅建筑及其相关产业就“贡献”了42%。

支撑系统

支撑系统主要是指人类居住区的基础设施，包括公共服务设施系统，如自来水、能源和污水处理；交通系统如公路、航空、铁路，以及通讯系统、计算机信息系统和物质环境规划等。交通系统作为人居环境支撑系统的子系统，在经济日益发达、人与人联系日益紧密的今天，地位日益凸显。在气候变化问题上更是扮演着越来越突出的角色，必须予以重点关注。

气候变化作为当今世界面临的最严重的全球性问题，其根本解决必须选择合适的载体和突破口。从整体对人类聚居环境进行较为系统的全面探讨。而这个载体和突破口就是城市。通过上述分析，人居环境低碳设计、低碳生活是改变全球气候问题的方式之一，并从人居环境(宏观—— 微观)全球、国家(区域)、城市、社区、建筑的五大层次呼吁低碳设计、低碳生活。

图01

图02

图03

图04

图01~图04 哈马比(Hammarby)生态城

低碳城市建设是低碳设计的重点

城市是低碳设计的重点

快速发展的城市，使城市问题愈加凸显

城市化分为三级阶段:

初级阶段(城市人口为20万左右): 城市化率低，发展水平低。

加速阶段(城市人口为50万~70万): 表现为人口向城市迅速聚集，城市化推进很快。随着人口和产业向城市集中，市区出现劳动力过剩，交通拥挤、住房紧张、环境恶化等问题。小汽车普及后，很多人和企业开始前往郊区，出现郊区城市化现象。

后期阶段(城市人口为70万以上): 表现为城市化水平比较高,城市人口比重增长缓慢甚至停滞，在有些地区，城市化地域不断向农村推进，一些大城市的人口和工商业迁往离城市更远的小城镇或者农村，使整个大城市的人口减少，出现逆城市化的现象。

目前世界的城市人口还在迅速增长，未来20年将有18亿人口涌入城市。其中亚洲在未来20年将新增11亿城市人口。2009年，中国城镇化率为46.6%，城镇人口达6.2亿，城镇化规模居全球第一(专家预测)。到2020年，中国的城市化率将达到58%~60%，届时中国的城市人口将达到8亿~9亿。

图01

图02

图03

图01　人口膨胀引发的诸多环境问
图02、图03　城市热岛效应
图04、图05　低碳城市建设

因巨大的碳排放量，城市成为低碳设计的关键

据联合国统计，2008年城市占世界2%的面积，却容纳了50%以上的人口，并带来了75%的碳排放量。联合国人类住区规划署(2011年5月12日)发布的一份报告指出，城市化和气候变化正以一种危险的方式交织在一起。一方面，随着城市化的快速发展，城市消费和生产所排出的温室气体已占到温室气体总量的70%，城市成为当今世界最大的温室气体来源；另一方面，气候变化也给城市发展及其不断增长的人口带来了新的挑战，其影响波及城市供水、基础设施建设、交通服务、生态系统、能源供应、工业生产以及城市居民的生计等方面。报告认为，减缓气候变化的应对措施目前主要集中在五个重点行业：城市发展与设计、建筑环境、城市基础设施、交通和碳封存。

低碳城市的内涵及发展

1.城市设计理念的演变

农业文明时期，强调人和自然的和谐统一，以中国古代“天人合一”的思想为代表。工业革命开始了人类以技术对抗自然的过程，空间规划伴随着一种“未来由我们安排”的高度自信，以欧洲20世纪五六十年代的规划思潮为代表。随着城市环境的不断恶化，人们开始怀念旧式小城市的安宁生活，发出了“回到自然中去”的呼声， 逐步形成了田园城市、生态城市的设计理念。现在城市的发展逐渐进入生态文明时期，气候变化问题成为21世纪最大的挑战，于是，城市低碳设计的理念应运而生，并逐渐衍变成为城市规划的重要指导理念。

2.低碳城市内涵

低碳城市是指在城市空间内发展低碳经济，以低碳经济为发展模式及方向，市民以低碳生活为理念和行为特征，政府公务管理层以低碳社会为建设标本和蓝图的城市。

3.低碳城市的特征

随着目前环境问题的不断衍生和更替，人们对城市规划设计的认知也经历了一个不断深化的过程。从国际趋势和中国的现实需求来看，以“碳”来定量的城市规划和城市设计已成为社会发展的必然。

从低碳城市的产生来看，具有全球性。低碳城市源于气候变化这一全球性问题，无论气候变化的影响还是应对都是一个全球性的问题。

从低碳城市的内容来看，具有广泛性。低碳活动涉及城市人类活动的方方面面，是城市整体社会发展的低碳化。

从低碳城市的目标来看，具有经济性。在经济增长条件下发展低碳经济，是在保证城市社会经济稳定发展的同时，最大限度地减少温室气体排放。

从低碳城市的结果来看，具有彻底性。低碳城市是在气候变化背景下掀起的低碳革命，将彻底地改变城市现有的生产、生活方式，建立起低碳、友好的可持续生态体系。

图04

图05

图01 在遭受“卡特里娜”飓风袭击的美国路易斯安那州新奥尔良市会议中心外，数千灾民在遍地垃圾包围中等待救援
图02 旱涝急转
图03 在“卡特里娜”飓风威力面 前，城市只是玩具
图04 2011年3月日本发生9.0级地震，并引发大海啸
图05 韩国首都首尔以南的一个村庄被积雪覆盖
图06、图07 即将消失的人间天堂——马尔代夫的1200个岛屿的平均海拔只有15m

低碳城市设计

低碳城市的设计理念和构成

低碳设计——能够达到减少温室气体排放效果的设计。城市低碳设计就是实现城市各个层面低碳化的设计。

低碳设计与能源——能源是低碳城市的核心。低碳设计必须引导低碳城市由碳基能源向低碳与无碳能源转变。

低碳设计与低碳城市支撑要素——低碳技术、低碳政策、低碳理念是低碳城市的重要支撑。低碳设计要充分利用低碳技术和低碳政策的引导作用，积极引领低碳理念的形成。

低碳设计与低碳城市主体——政府、企业和市民是建设低碳城市的主体。低碳设计要积极引导低碳办公、低碳生产和低碳生活的形成。

低碳设计与低碳城市的构成——低碳建筑、低碳交通、低碳环境等城市各个层面的低碳化设计是低碳城市的重要组成部分。

低碳城市设计的理念——适应性设计

考虑狂风。由于气候变化越来越严峻，在城市设计中必须考虑风速不断增大、变化的不确定性等因素。在城市的建设中应考虑加深基础埋置深度，以应对土壤收缩问题；墙体和屋顶应该更加坚固，以抵挡剧烈的暴风。在朝向设置方面，以短立面正对主导风向，更多考虑符合空气动力学的建筑形体。

考虑暴雨。现在极端气候中，暴雨是最多的，五十年一遇、百年一遇的降雨频率越来越高。气候变迁将会增加洪水暴发的危险，暴风潮更趋频繁，降雨更多，更多的河流将会冲破堤岸，同时带来泥石流等地质灾害。因此，要科学合理地确定海堤工程的防潮标准。在建筑设计上大多数起居空间尽可能设在二层或者更高的楼层，底层的地面和墙面设计应使其在洪水过后易于修复。

考虑极热、极冷。全球变暖引发极热现象更加频发，随着生物圈热能的增加，将导致能量的释放，对已是频繁发生的极端气候活动起推波助澜的作用。因此，低碳城市设计时要考虑在极热期的应对措施。建筑中结合某种制冷形式的机械通风成为必需。此外还应考虑面对更加频发的极端低温，设计上的应对措施，比如，材料的稳定性和保温性能的设定标准等。

考虑地震活跃度剧增。美国宇航局太空监测数据证实：作为一个整体，地球每平方公里吸收的太阳能量比反射回太空的能量至少多850kJ。这种热量失衡意味着地球内部产生的热量无法散失。地震、地质构造剧变和火山活动的增加是所观测到的地球热量失衡不可避免的后果。而目前全球日趋严重的气候温室效应，正是造成地球热量失衡的罪魁祸首。

考虑海平面上升。关于海平面上升的数据也越来越骇人听闻，而海平面的上升是不可避免的。因此未来的城市建设中不得不考虑更新城市排水系统，以及为了在一定程度上解决严重的海平面上升及海水入侵问题，禁止在沿海或海岸线地域5米等高线的地区内进行开发。

图06

图07

城市不仅是一个地方，更是一种心理状态，一种生活方式的象征。
选择一座城市就是投奔一种生活，规划一座城市就是设计一种生活。

——丹尼贝尔

图01

图02

低碳城市设计的理念——充分利用气候因素

城市低碳设计理念的提出要求我们清楚两个要点：一是适应性设计，狂风、暴雨、极热、极冷、地震、海平面上升，这些都是自然界不可避免的因素，因此在设计时，必须考虑城市对自然灾害的适应性；另一个是利用自然因素设计，我们应该充分利用光、热、水、土、气等自然资源，而不是主要依靠设备系统的“提供”和“补救”来保证良好的城市或建筑微气候环境。

充分利用自然光——窗户为使用者提供户外视线，并且得以感受时间的流逝。当自然光成为光源时，使用者更易接受亮度的变化。自然光还能提供物体真实的色彩还原。

充分利用太阳热能——考虑是否获得太阳辐射，考虑太阳相对于建筑主立面的位置，考虑场地的朝向和坡度，考虑场地上现有遮挡阳光的物体及其在场地内可能产生的投影。利用太阳能的方式有：直接获得热量——把建筑大部分玻璃面集中在向阳的立面，间接获得热量——在入射的太阳辐射和需要加热的空间之间加入吸热构件。

充分利用水资源——雨水的回收再利用。在空气非污染严重地区，充分利用雨资源，是解决缺水压力的重要途径。设置雨水贮集利用系统、兴建景观水池、利用建筑的大楼的筏基，在公园绿地、广场、车道中建立地下水窖作为雨水贮集设施，或将地下蓄水层抽取冷水用以制冷。

最大限度地利用自然通风——加强空气流动，帮助提供自然通风和降温。产生穿越建筑物的通风是最直接的通风系统，即新鲜空气在建筑内部由建筑迎风面流向背风面。街道或开放空间的辐射状通风走廊，可以利用排出的冷空气和夜晚的热流。建筑门窗洞口的位置设定必须有利于增进自然通风。

充分利用土壤的热稳定性——制定覆土降温策略。将建筑全部埋置于地下，或部分埋置于地下来利用泥土吸热。通过将空气输送到管道和空气通道进行降温(这些管道的标高通常是地面以下1~3m)，然后输送到建筑中。

图03

低碳城市设计的理念——充分挖掘自然潜能

从河流和海洋中获取能源——在河流上筑坝利用水力发电；利用由于潮汐涨落、潮流、海浪做功产生的水流运动、流体动力、潮汐能和海浪发电；利用温差产生的洋流动力发电；通过电解水产生的氢发电。

从太阳获取能源——太阳是再生能源最主要的来源，特别适合作为建筑物的能源供给。在日照充足的地方，可以通过多种方法利用太阳能发电，其中一种已证明成功的方法是“太阳能烟囱”；另外有抛物面聚光太阳热能发电，通过太阳辐射热量聚焦来产生大量的热；还有光伏发电——将太阳辐射能量转换为可用能源这也是最具前景的方式。

从风中获取能量——将风力发电引入到建筑环境中来。各种结构的微型风轮机适合于安装在办公楼、住宅楼和独立住宅中，可以考虑将风力发电系统与建筑一体化。

从地下获取能量——充分利用地热能。设置地源热泵系统从地下的钻孔中获取热源，补充空间采暖的需求。

图04

图01　陕北传统窑洞式低碳建筑
图02　现代低碳建筑
图03　风能与太阳能结合发电
图04　2008年北京奥运会羽毛球及艺术体操比赛场馆采用深层地热资源和浅层地热资源相结合的模式，满足体育馆的冷暖需求

图01

图01　城市综合体——深圳COCO PARK
图02　乌尔内斯条木教堂(挪威)

低碳城市设计的着力点——低碳建筑设计

建筑行业温室气体问题对环境的影响

现在建筑行业温室气体的排放问题对环境的影响很大，全球建筑行业对环境的影响：排放CO_2中建筑行业占据 33%，消耗能源中占据50%，消耗水资源中占据50%，消耗原材料中占据40%，农地损失中占据80%，同时，建筑行业在空气污染、温室气体排放、固体废弃物、氟氯化合物和人类垃圾总量占据近一半的比例。我们国家的建筑基数大，能耗比大。据住房与城乡建设部统计，我国现有建筑430亿m^2，建筑相关能耗占全社会能耗的46.7%(包括建筑的能耗30%以及建材生产过程中的能耗16.7%)。目前中国城市人均建筑面积达到53m^2/人，超过日本、韩国和我国香港地区的水平。

建筑行业的减排潜力

根据麦肯锡的减排措施全球成本曲线图，减少温室气体排放前5位最为有效的方法依次是：建筑物绝缘(隔热的地方)、商用车燃料效率、照明、空气调节和水加热(水暖)，其中4项与建筑业相关。

根据美国劳伦斯伯克利国家实验室(LBNL)公布的应对气候变化解决方案，减低建筑物的碳排放被列为中国气候变化解决方案的最为关键的路径之一。

IPCC第四次评估报告提出，到2020年，预估人均30%的温室气体排放可以通过全球住宅和商业建筑采取的减排措施而减少。

低碳建筑设计的策略

全生命周期的建筑设计——建筑全生命周期的低碳设计要求确保降低建筑物从设计到施工、运行最后到拆除等全生命周期的碳排放。

因地制宜的建筑设计——注重地域性，依据当地的经济状况、气候特点等，因地制宜地创造出具有时代特点和地域特征的低碳建筑。

“自力更生”的建筑设计——低碳建筑设计要注意导入太阳能、风能、潮汐能等可再生能源，使建筑能够独立获取自然资源，持续运转得以生存，改变过去传统城市中对石化能源高度依赖的状况。

建筑构造轻量化——推广木构造建筑，尽可能用木材来代替砖块或者混凝土；推广木构造建筑，因为与钢构造建筑相比同规模的RC建筑可减少四成以上自重负担。

结构合理化——以最合理的结构系统建造，减少建材使用量。

建筑材料的低碳化——强调建筑材料的地域性和原生态性，选用绿色建材、工业化成品或者可再生、循环利用的建筑材料，选取内含能源低的材料。例如生态水泥、生态涂料、吸湿乳胶漆、智能材料、可再生材料等。

图02

木构造建筑发展前景

可再生：木材是为数不多的在数十年到数百年的短期内可以再生的建材资源的一种。

能耗小：建造的时候较其他材料相比所需要耗费的能量也较少。

存储大量碳元素：以木材为主要原料的木质建材可以存储大量的碳元素。

作为再生资源的拆除木材：拆除木质具有可以被循环利用的特性与功能。

低碳城市设计的着力点——低碳道路设计

低碳道路设计是一个非常专业的问题。在全国研究中心报告中，过去10年全球CO_2排放总量增加了13%，而来自于交通工具的碳排放增长率达到25%。交通是作为城市活动而衍生出来的人和货物的空间移动，因此，城市的土地构成和区位关系对交通具有很大的决定作用。城市化进程的加快和城市机动化水平的迅速提高，对低碳城市和低碳交通规划和设计的要求也随之提高。因此在交通领域的设计过程中，要注意研究低碳道路设计的策略。

图01

图02

图03

图04

图01　立体式自行车停车场
图02　地铁站自行车停车场
图03　自行车专用车道
图04　居住区自行车停车场
图05～图07　城市慢行系统

图05

图06

图07

低碳道路设计的相应策略

“以人为本”的道路设计——城市道路建设从“以车为主”向“以人为本”的原则转变，鼓励低碳出行，限制高碳交通。在城市干道和次干道增加或加宽人行道路和自行车专用道路；推行公共交通引导城市发展(TOD)模式。

大力发展城市常规公共交通——大力发展快速公交系统(BRT)；大力发展轨道交通；构建低成本、高效率的城市形态；提高土地利用的经济性；遏制小汽车非理性出行。

畅通的城市地下通道——城市地下空间是一个巨大而丰富的空间资源，低碳道路设计要对这部分空间本着科学性、生态性和人性化的理念进行开发和利用，以缓解城市交通密集以及由此带来的环境问题。以地铁车站为枢纽，通过地下步行系统将城市公园、绿地、公共建筑物等不同功能的用地联系起来。再者，考虑地下停车库的建设和发展地下商业街。另外一个地下通道则是城市下水道。每当暴雨降临，对城市的下水道是一个考验。台湾作家龙应台曾说：验证一个国家和城市是否发达，一场雨足矣。因为高楼大厦看得见，下水道看不见，所以有些发展中国家有钱建高楼大厦，却不一定有心发展下水道，“你要一场大雨才能看出他的真面目来”。雨果说：下水道是城市的良心。在我们国家，暴雨在不断地考验着城市的良心，在南京、武汉、上海等城市的地铁站内出现外面下大雨，站内下小雨的状况。所以城市的道路设计应该自上而下，综合设计。

低碳的交通配套设施设计——不同类型的交通工具与碳排放量有直接关系，随着新能源低碳交通技术的发展，各类新能源交通工具进入城市交通系统，对交通系统设计提出了新的要求；输电和蓄电装置将被纳入道路设计；设置充电站、充气站、换电站；增加新的交通电网。

低碳城市设计的着力点——低碳环境设计

在全球重视温室气体减排的今天，应重新赋予城市生态系统崭新的使命，通过森林、绿地等的碳汇作用，利用水体、风等的流动性不断降低城市温度和碳排放量，营造“清凉低碳”的城市人居环境是至关重要的问题。

低碳降温城市设计策略

再建城市森林生态系统，增加森林碳汇，让城市“绿”起来——森林对于城市具有重大的意义，它是最经济的吸碳器：林木每生长$1m^3$，就能够吸收1.83吨CO_2，放出1.62吨O_2，由此可见森林吸碳能力显著，而且也十分经济。面积巨大的森林，是陆地生态系统中最大的碳贮藏库，维持着全球植被碳库的86%和土壤碳库的73%，有效地缓减了城市热岛效应。森林绿地通过植被的蒸腾作用和遮荫可以降低城市的地面和空气温度，形成明显的城市“冷岛”，通常绿化区域的气温会比建筑区域低6~8℃。

通过植物的平面绿化与垂直绿化，构建立体绿化网络体系。增加地面绿化覆盖面积，改善居住环境。考虑墙面绿化、花架、棚架绿化、屋顶绿化，架空底层，将空间留给绿化。高密度、生长快、寿命长的乔木是城市碳汇的最佳选择。优先重视乡土植物，重视少维护、耐旱性强的植物，减少日常维护。构建乔、灌、草、农作物相结合的植被生态群落，以提供良好的生物通过性和繁衍空间。

图01 森林碳汇
图02 外墙的爬藤植物为建筑带来勃勃生机
图03 城市的乔木片林具有良好的生态效果
图04 风能发电
图05 生态水网

图01

图02

图03

图04

图05

构建城市水网生态系统，让城市“活”起来——城市水网生态系统是一个自然演化和人工干预共同作用的复合系统，其功能的发挥取决于系统结构的完整性。水是生命之源，是生态环境中最有灵性、最活跃的因素，自古以来河流与城市就结下了不解之缘。在低碳城市建设的今天，要充分发挥水环境在低碳城市的生态作用。

在设计中要充分运用生态学原理，让水景充分发挥生态调节的功能。在湿热的气候，蒸发到空气中的水汽可以降低气温；可有效改造建筑的微气候；水运作为一种能耗少、污染少的运输方式，其运输成本仅为公路运输的1/6，是典型的低碳运输方式；沟通城市各大水系，发展水上巴士等水上交通；加强水的流动性，进一步降低城市温度；采用宽度适宜的水体作为特定区域的边界，这也是对区域的一种保护；临水相依、源汇互补，结合城市森林统筹设计，共建低碳城市。

充分利用自然风和人造风，让城市“动”起来——利用季节风，营造舒适的大环境；城市规划时，根据城市的主导风向，预留城市“风道”；南方气候潮湿高温，在设计中应保留或改造以形成南北方向的通风状态，而北方受冬季漫长的低温气候影响，不能太强调南北对流，朝向北面的区域尽量分隔成多个小空间以减弱冷空气的侵入，起到保暖的作用。产生穿越建筑物的通风是最直接的通风系统，根据主导风向调整建筑朝向；建筑门窗洞口的位置要有利于自然通风；宽的走廊，为空气从低密度地区向高密度地区的移动提供一条通道。利用人造风作为冷空气源，再建舒适的微气候调节环境。

在建筑区可以利用风塔和捕风器获得更多气流；通过涓流通风和其他设备实现连续而可靠的背景通风；植物形成的绿色边界可以用来冷却来风。建筑和绿化交织的组织方式可以用来降低周围的空气温度。

低碳农地设计

城区“农地”是自然资源与人类活动相结合的产物，既显人工之美又显自然之美，可以营造田园景色以起到装饰性景观的效果。人们参与、体验农业生产活动、亲近自然，是一种低碳的生活方式。随着城乡一体化的进程，区域中留有农地空间，就近提供城市粮食作物，实现运输、销售环节低碳化，倡导低碳生活是低碳城市理念实现的重要途径。城市的肺不再是公园，而是城乡之间广阔的生态绿地，过去城乡之间主要是在经济上相互依赖，现在更主要的则是在生态上相互保护。

城市和乡村是一回事，而不是两回事，如果说一个比另一个更重要，那就是自然环境，而不是人工在它上面的堆砌。

——杰弗逊

保持城市社区的林木绿地，阻止城市无限制生长退市绿色植物和破坏城乡生态环境。随着人们闲暇的增加，保存自然环境显得空前重要，不仅要保持肥沃的农业和园艺地，以及供人们娱乐、休息和隐居所用的天然园地，而且还要增加人们进行业余爱好的活动场所 。

——芒福德

沈阳建筑大学稻田校园

与大师对话

Q1：请问周教授，以前我们提出一个“绿色”概念，现在又提出“低碳”概念。我个人感觉“低碳”和“绿色”其实没什么区别，网上有一个很重要的观点说“低碳只是穿上资本主义外衣的绿色”，还有另一个观点说“所谓的低碳其实它的衍生概念就是低碳关税跟低碳交易”，那么这个“低碳”概念是不是国外发达国家限制中国的手段？

周：不管在西欧国家，还是发展中国家。气候变化已经是一个共识，而且是大部分人的共识。

“绿色”与“低碳”是两个不同的概念。绿色是泛泛的概念，我们讲绿色经济或者绿色食品，一般来讲，对环境友好的，对人们的生命有益的，就称之为“绿色”。所以它是非常广泛、通用的定义。但“低碳”不一样，“低碳”是非常量化的定义，碳是可以量化的，绿色却没有办法量化。低碳对环境友好，所以它是绿色，但是绿色不一定就是低碳。这两个并非同一个概念。

为什么会联系到低碳交易和低碳关税的问题呢？那是因为现如今要低碳就要技术，而低碳技术大多掌握在发达国家手里，所以有一些人认为，中国发展到现在，其他技术差不多有了，就要发展低碳技术。而我国低碳技术目前还不行，则需要向外国购买。因此，有人议论说这又是限制中国发展的一道围墙。另外，现在美国新增法律规定，如果哪一个国家出口产品的碳没有限制，就要收碳关税，在这种世界体系下，话语权都掌握在强者那里。

关于低碳的概念，我认为即使全球气候还没变化，按照我们现在能源消耗的速度，像石油这种不可再生资源也极其有限，低碳这个概念也迟早会引起我们重视的。

Q2: 周教授您好，您刚才提到清洁能源的应用，如太阳能、电能等的使用。众所周知，太阳能本身是清洁能源，但是它的收取和转化的载体硅晶片的制作并不环保。再者，现在交通工具推崇使用电能代替石油类燃料，如电动汽车。但是电动汽车所使用的蓄电池也并不低碳，所以我在困惑这些所谓的“低碳”能源该用还是不该用？

周：是否低碳，要从整个生命周期来看。太阳能的使用确实起到了一定的低碳效应，至于它的转换过程释放的碳相对于使用太阳能所减少的碳是要低得多的。我们不是这方面的专家当然也不清楚太阳能的原理。我认为太阳能所带来的效益是不容忽视的，我们可以研究如何研发新的转换太阳能的技术，尽量减低排碳量，减轻污染。

另外，你所讲的电动汽车，所使用电能是通过电厂由其他能源转换而来，也是要释放CO_2的。这个问题我们可以这样来看，汽车大部分时间都是在城市里面跑，在城市这个人口密集的场所，使用电能就避免了汽车尾气的污染，这对于城市空气质量的提高有着重要的作用。电厂一般分布在郊区或乡下，人烟稀少，周边种有大量的树，即使消耗同样多的能源，释放同样的碳量，其污染程度也较轻，受污染的范围也是不一样的。至于你说的蓄电池，使用过程中同样要释放CO_2，而且回收不好也对环境是一种污染。但是不能因此就放弃使用电动汽车，我们可以在提高生产技术的同时做好回收的工作，尽可能不要污染环境。所以要辩证地看待这个问题。世界上目前还没有任何技术可以在使用能源和转换能源的过程中没有污染，我们只有尽可能地把污染降到最低。

Q3: 从人类的社会发展来看，任何一个城市的发展都是以牺牲自然环境为代价的。从中国之前的节能建筑、绿色建筑到现在这种低碳建筑，之前在您的讲座里也提到一个量化的问题。那么我们国家对这种低碳产业，低碳设计，低碳建筑，有没有一个标准去量化？开发商在低碳设计这种高成本投入的压力下能否考虑低碳设计，对我国低碳产业的发展所面临的机遇和挑战又是什么？另外，如果给您一次投资的机会，您会选择哪一种低碳产业进行投资？

周：这个问题要分几个方面来讨论。第一个是关于低碳的量化。大家都非常关注低碳，但是量化的低碳很少有。现在有很多城市把低碳城市作为一种口号，以高碳的形式来宣传低碳，说明很多人对低碳理念并不理解。关于低碳的量化虽然技术上还没有做到，但是我国政府正在往这方面做。第二个问题，开发商会不会投入高成本来做低碳建筑，这就要靠国家的强制性政策了。本来只要投入2000多万的建筑，做成低碳可能就翻一倍了，几乎很少有开发商会主动愿意做。出于对公共利益的保障，有了国家强制性的标准，开发商就不得不这样做了。所以要有强制性的规范来推动低碳建筑的建设。第三个就是投资的问题，如果要我投资的话，我认为低碳的技术、低碳的能源是很有前途的，至于到底盈利多少，我们不清楚，但是前景我们是看得到的。

Q4：不久前我们公司组织旅游，参观了西安的世园会，中国现在有大连的世园会，马上青岛也有世园会，中国很热门去办这种大型的世园会，但游人都觉得里面的设施不是很完善，有些植物为了营造成熟效果，移栽很多大规格植物，这些植物都要“打着点滴”补充营养，您是怎么看待这样的园艺博览会？这种具体的实施意义在哪里？

周：现在我们国家有很多的试点，配套的一些政策和措施并不完善。推崇以人为本的观点，人们只停留在理论上，但实际落实的并不多，这是一个大问题。举个例子：某些企业一直提倡低碳，但会场上空调温度开得很低,穿着厚衣还是觉得冷,这种就难以真正实现低碳。我们现在的发展过程中，首先通过世园会的宣传把理念普及起来，然后要政策措施配套来保证理念的实践。现在所提出的理念、理想跟现实还是有很大的差别。如何缩小这种差距呢？一要靠强制性的政策，二要靠领导的重视，三要把意识培养起来。国家需要一步步来推进，我们要相信未来会实现。

Q5：周教授您刚才说到低碳将会是一个很好的投资方向。我想请您跟我们讲一讲低碳这个概念在中国目前的发展现状和发展前景。

周：低碳的确是一个很好的投资方向，带来的不仅仅是经济效益，也体现了社会责任感，提升了企业形象。低碳减排在发达国家(如北欧)已做得比较好，比较普及，我国目前还处于起步阶段。我国在2007年成立了中国绿色碳基金(2010年更名为中国绿色碳汇基金)，该基金会得到中国石油的捐款约3亿元人民币，在全国多个省区营造了10多处100多万亩碳汇林。中国绿色碳汇基金为企业和公众搭建了一个通过林业措施储存碳的信用、展示捐资方社会责任形象的平台。这个平台既能帮助企业自愿减排树立良好的社会形象，为企业自身长远发展做出贡献，又能增加森林植被，减缓气候变暖，维护国家生态安全。未来在实行二氧化碳(CO_2)碳排放配额制度的安排下,如没有碳信用指标,很多事情也许有钱也做不到了。

结语

生活中很多的事情都要求我们以低碳环保的理念作指导，我们应该充分认知低碳的诉求、低碳的行为、低碳的方式、低碳的设计理念等。作为设计师，我们有责任在体现自己设计和创意的同时，共同来建设一个低碳的世界，为每个人都有个安定幸福的家作出贡献。

传统与科技的结合

Combination of Tradition and Technology

LECTURE11

传统与科技的结合

Combination of Tradition and Technology

2011.8.22

录音整理：丘悦、陈姗
Record and Text by Qiu Yue,ChenShan

开篇语

今天我们非常荣幸的邀请到丹下健三的高徒、日本现代建筑大师古市徹雄先生来到“筑原学堂”作一个非常重要的报告。本期学堂的主题是古市徹雄先生关于“风、光、水、地、神、材”的设计理念以及传统与科技的结合在他个人作品中的体现。今年三月在日本发生了海啸并引发了地震，对多个城市造成了严重破坏，伤亡不计其数，古市徹雄先生也带来了他对灾后重建的思考。

古市徹雄

日本建筑设计大师、建筑设计教育家。研究生毕业后曾在丹下事务所工作11年，并于1988年成立古市徹雄都市建筑研究所。建筑经历极为丰富，曾在多个国家开展设计业务，参观考察和参加展览、会议及学术活动，其足迹遍及全世界90多个国家。曾在日本早稻田大学、日本大学、东京理科大学执教，现为千叶大学教授、东京大学研究生院客座教授。

研究方向

建筑设计研究与实践。

主要作品和业绩

屋久杉自然馆 / 宫泽贤治纪念馆 / 西海珍珠海洋中心 / 棚仓文化中心 / 花卷市综合体育馆 / 屋久町乡政所 / 鹿角市高龄者社区中心 / 北会津乡政所 / 社会福祉中心 / 净土宗麟凤山九品寺山门・本堂、纳骨堂 / 鹿儿岛县始良町体育馆 / 会津医疗中心 / 会津若松高科技中心 / 始良综合运动公园体育馆 / 骑楼家 / 悬桁房子

古市徹雄于1995年获得日本建筑家协会JIA新人奖，于2004、2005年连续在日本建筑学会获奖。此外，长崎县佐世保市的净土宗九品寺的设计获得了美国的建筑家协会AIA的受赏。

本讲主要内容

在丹下健三事务所的工作情况
设计理念与作品
日本地震与海啸的复兴计划

图01

在丹下健三事务所的工作情况

1975年硕士毕业后，我就进入了丹下健三事务所工作，期间主要参与了巴西首都巴西利亚、尼日利亚首都阿布贾的规划和东京都新都厅舍的设计。与丹下老师共事是学习和积累经验的好机会，但令我最感动的还是他对建筑的狂热追求和废寝忘食的工作态度。这也许比从他那里学到的创作手法和思想更有价值。

图02

图03

图01　蒙古包(传统与高科技)
图02、图03　古市徹雄先生(右)与丹下健三先生(左)
图04　东京都新都厅舍结构分析
图05　东京都新都厅舍模型

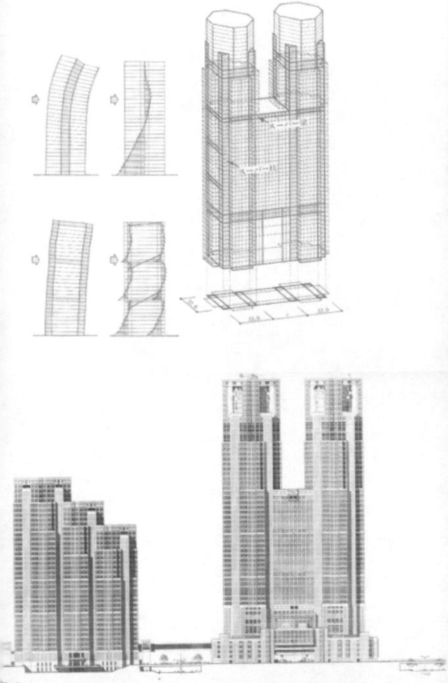

04

图05

东京都新都厅舍

东京都新都厅舍是东京政府的办公大楼。它占地九个街区，街区以三乘三的矩阵形式排列。丹下将中心地块设定为半圆形公共广场，以环形的国会大楼包围。国会的两翼延伸连接广场西面的政府办公楼。该办公楼在防震、防信号干扰方面都有特别的设计。一般情况下的高层即使在地震时不会坍塌，也会大幅度摇晃，令里面工作人员的安全受到威胁。东京都新都厅舍的楼体底部为软体构造，大大减少了塔楼在地震时的横向晃动，提高了安全性。另外，我们当时也着重考虑到对机密资料的保护，所以塔楼外墙为锯齿形，有助于反射电磁波，具有反侦查的功能。内部功能划分方面，我们把电梯和卫生间设在西面，巧妙地利用它们的遮蔽性保护内部工作空间免受阳光直射。

设计理念与作品

现在世界各地都有许多似曾相识的现代建筑。部分建筑由于设计时忽略了其地域的气候特征，日常运营能耗非常惊人。其实在长期的实践中，我们祖先积累了很多与自然和谐共生的生活经验，而这些智慧在21世纪科学技术发达的时代却被遗忘了。如何借鉴这些智慧的精髓并植入现代建筑中成为我建筑创作的重点。经过多年对世界各地乡土建筑的调查和研究，我提炼出“风、光、水、地、神、材”这六大元素并将它们融入建筑的形态与空间之中。

“风”即空气的流动。从和煦温顺的微风、严寒刺骨的西北风到破坏力超强的台风，可以说我们的祖先与风进行接触和利用并持续地搏斗。世界各地的乡土建筑中也都有用风、避风的例子。在炎热的夏天，杜拜的风之塔能有效地把风引入室内，人们会在塔上洒水，以利用蒸发现象对建筑物降温，令室内温度更舒适；而在日本的北方风势猛烈，人们习惯在受风面筑起挡风植物墙保护建筑物。在现代，我们依旧可以借鉴这些防风、用风的方法，有效地节约能源。

“光”与建筑历来都具有不可分割的关联，对光的精心运用一直是建筑师矢志不渝的追求，可以说光是表现建筑的灵魂。同时，光与建筑也存在着地域性差异。炎热的南方建筑要遮光避光，而北方的生活则需要更多地享受阳光的恩赐。对光的不同需求造就了形式各异的建筑形态。光影的明暗、色调、方向及聚散的变化，演绎出千差万别的建筑效果，左右着人们的体验与感受。

“水”是生命之源。千百年来，不但有着人类起源于水的传说，四大文明古国的文明也都发源于各自的母亲河。可以说，水与人类息息相关。从古至今，人类都喜欢近水而居，或利用水流来调节建筑周边的小气候，或欣赏水景以平和心境，提升居住品质。

“地”即大地，泥土。世界各地地形地貌各不相同，这给建筑设计带来了许多创作灵感和构思的契机。依地势地形而设计的建筑是与自然和谐共生的表现。合理地利用土地也能改善微气候，增加舒适度。中国的窑洞、希腊山丘上层层叠叠的房屋都给予了我很多创作的灵感。

“神”是不同于上述四种元素的非物质形态，存在人的意识中，是非自然、看不见的主观“意识”，可它对建筑形态和概念的决定却起着重要的作用。“神”也可理解为人类长期积累和沉淀而传承下来的文化理念、审美意识、生活方式，是贯穿并掌控建筑创作全过程的重要元素，它赋予建筑以灵性。

“材”就是建筑所用的材质，建筑材质的选择应综合考虑建筑的功能、空间、建筑所处的地域环境等众多因素，做到因地制宜。

神
GOD
风
WIND
Freshwater Aquarium
才
ERIAL
水
WATER
光
LIGHT
地
EARTH

净土宗麟凤山九品寺

神
GOD

位于长崎的净土宗麟凤山九品寺的坐向与方位充分结合了中国式佛教寺院的伽蓝布局。释迦牟尼出生于西边的印度天竺，所以其宗派认为西方是佛教极乐世界的方位。九品寺的纳骨堂坐落在向西的斜坡上，为南北向狭长形。正门为日本佛教的传统山门，面向西方净土。而本堂的设计多处运用了佛教重要数字33，将宗教的精髓渗透在建筑中。

图01

图01～图03　纳骨堂内景

光 LIGHT

“光”元素的运用，营造了纳骨堂静谧的场所感。傍晚夕阳穿过骨灰堂无数的窗口，映红了室内空间。

图01

图01　祈祷堂
图02　对水的利用
图03　心水池

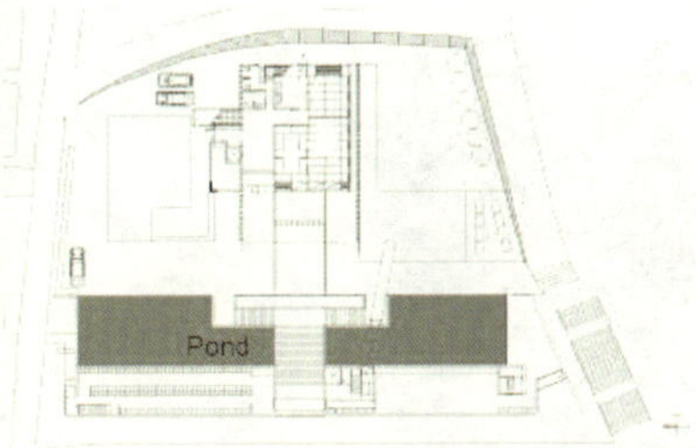

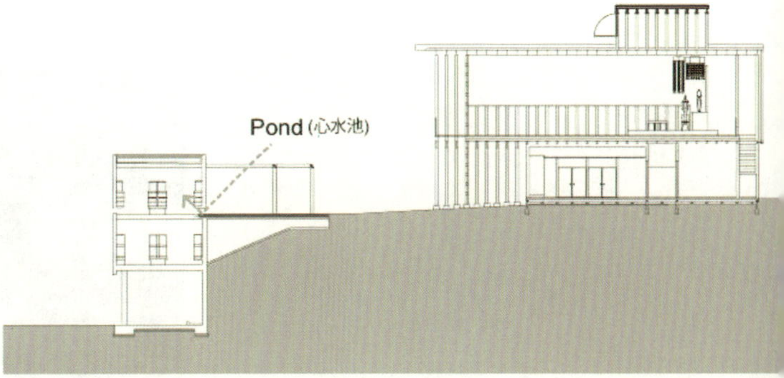

图02　Ground Floor Plan

水 WATER

院内的心水池是整个寺庙设计中的精神元素，分割了世人与逝者的世界。而纳骨堂门前跨越心水池的玻璃桥则是连接这两个世界的纽带。心水池延伸至纳骨堂内，柔和的灯光与水面交相辉映，为纳骨堂带来了一丝神秘的气息。

图03

图01

地 EARTH

九品寺的用地有8m高差，原有的墓地建立在阶梯状的台地上，面临着滑坡的危险。因此，设计利用自然地形的高差建三层骨灰堂。首层作为停车场和主要入口，二、三层为骨灰堂。从正面山门进入，拾级而上则是祈祷室和心水池。建筑良好地利用了地形，减少了对地形的改造活动并给人以丰富的空间体验。

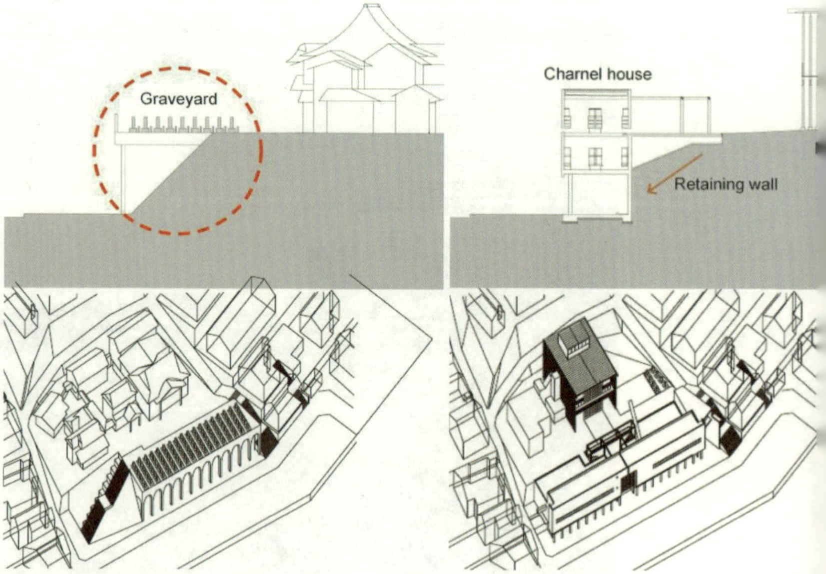

图02

风
WIND

入口台阶正对的祈祷室采用钢结构，一层是附属设施，二层是礼拜堂。33根钢框架柱围合出祈祷室空间，灵活的推拉门能令空间向室外完全开放，借此达到自然通风的效果。在冬季，则可以将推拉门关闭，依靠地暖设备取暖。

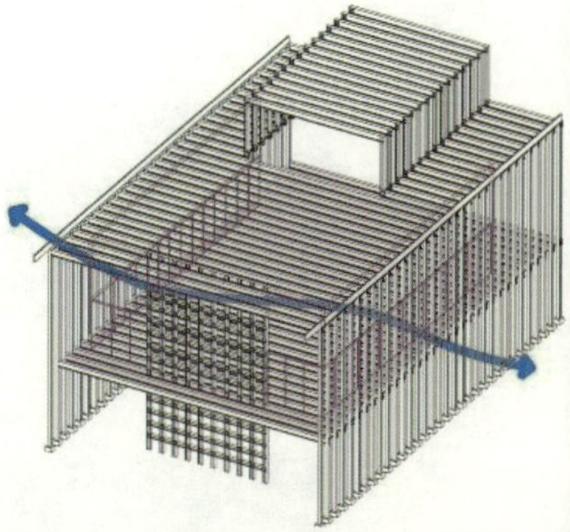

图01 九品寺全景
图02 对自然高差的利用
图03 九品寺入口
图04 祈祷室室内
图05 祈祷室细部

图03

图04

图05

北会津乡政所

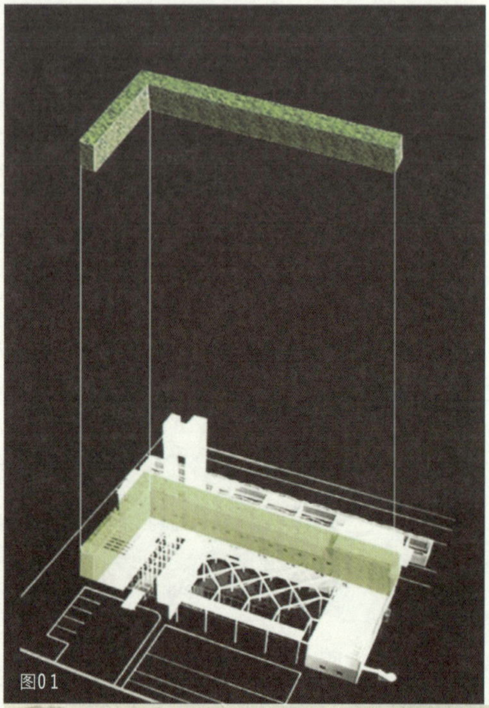

图01

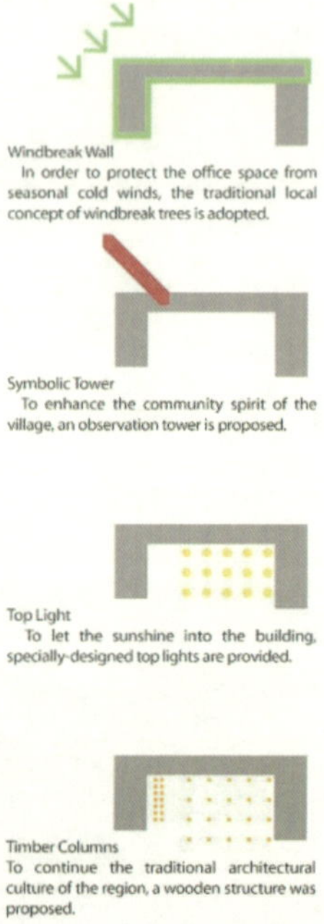

图02

风 WIND

北会津乡政所，位于日本的寒冷地带，受季风的强烈影响。西北季风强劲，基本上是阴云多雪的天气。在这样的地区，日本传统的防风方法是在受风方向种植L形篱笆高墙以挡风雪。受到这个启发，北会津乡政所在受风面用L形砼墙体将办公区域围合，保护办公室空间免受季节冷风的影响。

图01　北会津乡政所防风示意
图02　日本北方传统民居防风措施
图03　北会津乡政所北侧立面
图04　北会津乡政所入口夜景

图04

材 MATERIAL

在北会津，木材是传统的建屋材料。人们对木结构建筑有着很深的情结。在设计中引入传统的木质结构，但精细的施工工艺却展现了建筑的时代风采。木结构与周边的混凝土墙面结合，可以有效地减弱地震带来的震动。而木材的轻巧和木质结构的灵活性也令建筑具有了更高的安全性。木材温润的色泽和触感，带来了温暖的空间氛围，人们仿佛回归儿时熟悉的木屋之中。

图01 北会津乡政所屋面采光
图02 北会津乡政所入口门厅
图03 水族馆水廊

图01

图02

光 LIGHT

由于北会津冬季寒冷，所以建筑尽可能最大限度地利用自然光以节约能源。建筑入口的墙面与屋面均采用了大面积的玻璃幕墙，阳光透过玻璃照射在入口空间的列柱上。而南面的玻璃幕墙和建筑内部局部的圆形天窗将阳光引入了办公空间，阳光在建筑的每个角落跳跃舞蹈。步入门厅，宛如置身于光影斑驳的森林之中。

栃木县立淡水鱼水族馆

水 WATER

设计元素之一的“水”在栃木县立淡水鱼水族馆中得到体现。自古人类和水有着不解之缘，当然，日本人也爱近水而居。但是近年筑起的五米高钢筋混凝土防洪堤就把栃木县的人们与邻近的河水分隔。为了重新建立人与水的联系，水族馆入口大堂的高度与大堤相当，并有走道贯穿建筑到河堤作为观赏引导。围绕水族馆的人工湖引入了天然河流的河水，与建筑的玻璃外墙互相反射，充分表现了水族馆与河流共存的关系。湖水不仅是一道亮丽的风景线，同时也是炎热夏天的一个高效降温系统。

图03

图01　水族馆鸟瞰
图02　水族馆层面花园
图03　水族馆室内空间
图04　水族馆玻璃屋盖
图05　水族馆玻璃道廊

图01

图02

地
EARTH

为了加强水族馆与人工湖的关系，一条步道斜插入建筑。人们可以通过这条步道到达建筑的屋顶花园。大面积的绿化屋面和屋面的玻璃体块将建筑的体量消解在自然环境之中。

光 LIGHT

一条全玻璃屋面的通廊贯穿整个水族馆。充足的阳光令人们在建筑内部依然像在室外行走一般。而从屋面升起的玻璃温室则为人们提供了可以在室内享受阳光，观赏树木和湖景的场所。阳光在树木的叶尖跳跃，屋面结构的投影与树影交织在一块，与波光潋滟的湖面相映成趣。

图04

图05

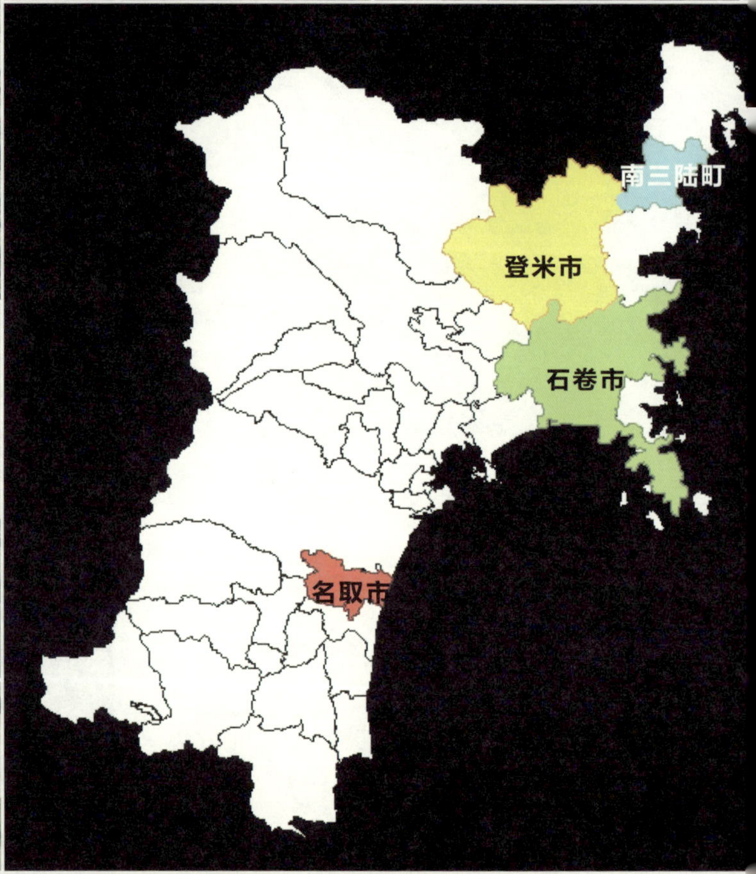
南三陆町
登米市
石卷市
名取市

日本地震与海啸后的复兴计划

日本地震

2011年3月11日，日本东岸发生了里氏8.8级强烈地震，并引发海啸，受灾地区死伤无数。灾后，我和我的团队到访了宫城县受灾最严重的城市名取市、南三陆町、登米市和石卷市视察，悼念罹难者和进一步探讨未来日本建筑的方向。

受灾的沿海地区都受到不同程度的损毁，部分已沦为一片废墟。我们在遍地瓦砾中视察时可以经常看到建筑中被扭曲的钢铁，被压得变形的轿车，被冲上岸架在建筑物二楼的船只甚至被挂在四层楼顶的捕鱼网……从种种迹象我们可以想象到海浪来袭时的迅猛与惊人的高度。日本的高楼都有防震措施，政府也曾多次完善建筑条例来确保将地震伤亡减至最低，但自然灾难的威力总是我们始料不及的。我觉得作为建筑师，应该为未来做准备，从城乡规划开始防范海啸灾害。

海啸的复兴计划

目前我有三个对沿海地区土地利用的概念，分五步进行实施，相信将会对未来海啸灾难减低伤亡人数有积极的意义。

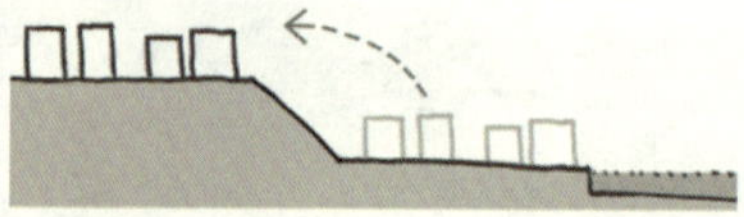

概念之一：居住区往高山转移

日本人选择近水而居的习惯令很多城市都建在沿海的低洼地区，也就是海啸的高危带。然而从这次的海啸来看，居住区并不适宜建于靠近海的低陆平原，而应建在距离海平面20m的山上。这样能大大降低海浪淹没住宅的可能性，减少居民的财产损失。

概念之二：土地功能的转换

20m高的山脚位置将转换为住宅用地。靠近住宅区的低陆平原适宜发展农业，而近海带则保留为渔业用地。

概念之三：居住区与工作区的距离拉近

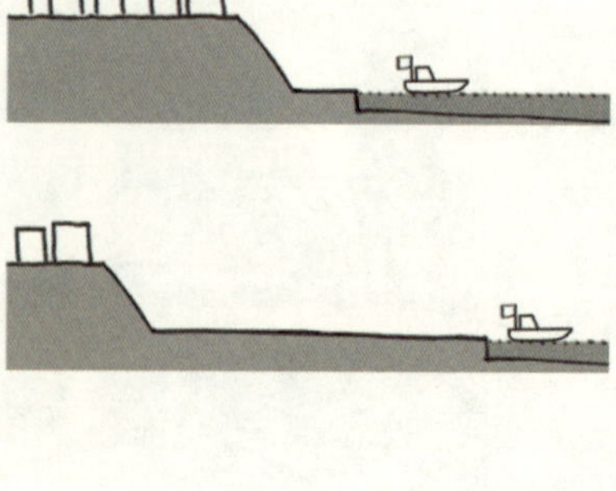

土地的功能转换有助于形成与渔农业有机结合的紧凑型小城市。紧凑型小城市模式在于建立多个以步行和单车为主要交通的绿色低碳环保社区，拉近居住区与工作区的距离，减低运输能耗。此举也能令城市在一定程度上做到自给自足。

实施步骤

实施步骤一：浸水领域和受灾状况的仔细调查

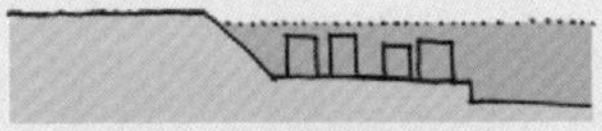

要详细了解海啸后土地的特性，特别是浸水范围的新地形地貌，便于日后规划。

实施步骤二：低陆平原的国有化

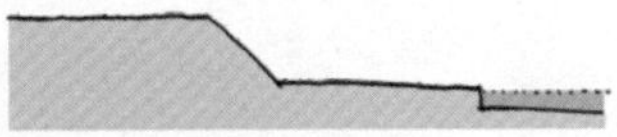

因为记录的损失，政府无法确定土地的所有权，也无法兴建临时住宅供受灾人群避难。低陆平原应该实施国有化，让规划者对土地功能的使用有更大自由度。

实施步骤三：临时住宅的兴建

临时住宅将设于山脚位置，是最终永久社区的根据点，为日后向更高海拔的迁移作准备。

实施步骤四：高地永久住宅的兴建

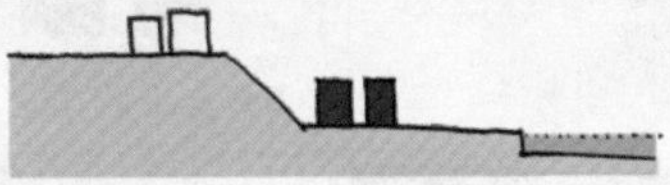

在对土地改良后，从20m处向高地兴建居住区，避免住宅再度受洪水淹没。

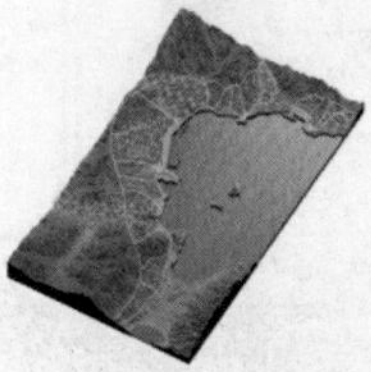

实施步骤五：移居高地 发展低陆渔农业

市民从临时住宅迁往高地的永久住宅安居，恢复以往的社区生活习惯，重新建立渔业与农业，初步形成密集型小城市模式。

对山地的合理利用

将城市引向高地的做法虽然能有效地抵挡海啸的侵袭，但大规模的开发对山地地貌势必造成巨大的影响。因此，如何有效地利用山地地形并减少对自然的破坏成为我们研究的重点。我提出了四种山地建筑的建设模式。

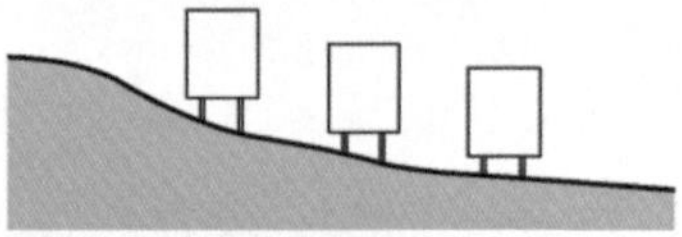

图01

模式一：架空模式

借鉴日本山崖上的传统建筑，根据地形，将建筑架空在坡地上，最小限度地对地形进行改造。

图02

图04

模式二：阶梯布置

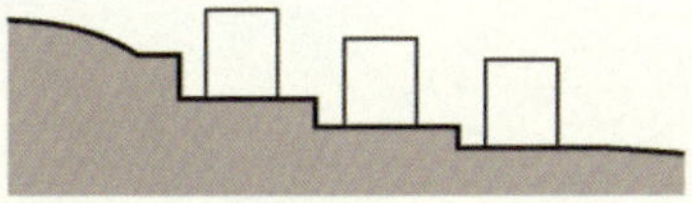
图03

将山地进行平整，形成阶梯状的台地。建筑与台地良好结合构成错落有致的群落关系。

图06

图01 模式一示意图
图02 模式一示例图
图03 模式二示意图
图04～图06 模式二示例图

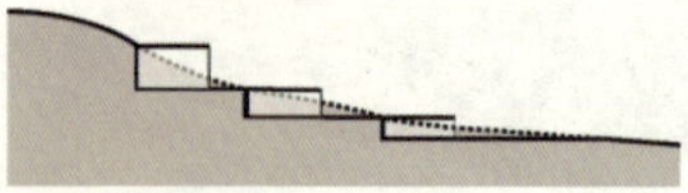

图01

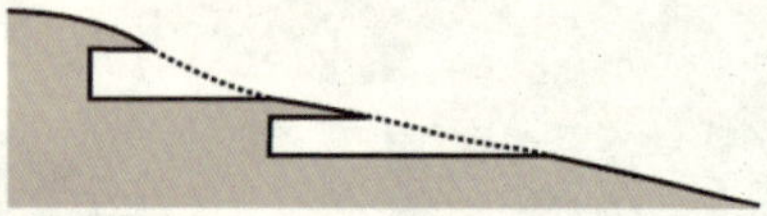

图02

模式三：开挖与填埋

开挖与填埋有效地平衡了挖方与填方的土方量，将山地部分开挖，形成适合建设的台地。部分土量在屋面回填，建筑群组仿佛从山地中生长出来一般。

模式四：覆土模式

从中国西安的窑洞获得灵感，在山地中开挖洞穴构筑建筑。建筑低调地隐匿于山体之中，是对自然环境最好的回应。

图03

图01　模式三示意图
图02　模式四示意图
图03　模式三、四示例图

与大师对话

Q1：日本建筑在文化传承这一点上有突出的贡献。很多中国建筑师同样在寻找一条传承文化的道路。请问您对中国建筑师在这个问题上有什么建议？中国又应该向一个什么方向发展？

古：要在建筑中做到文化的传承，首先要对传统文化非常了解。设计前需要翻阅和熟悉大量历史文化资料作为知识的铺垫，这样，文化的精髓就能在建筑中自然地显露。我们看到的很多前卫的建筑形态其实都是通过长期深入研究文化背景所得出的。在设计时应把侧重点放在对历史的思考上，而不宜只花时间在外观上。

Q2：您在灾后提到将城市迁移至高地，这样做将耗费巨大人力财力，为什么不将居民直接迁移去更安全的地方呢？

古：首先，日本是一个亲近大海的民族。日本人民对大海有着很深的情感。其次，如果将居民迁至其他地方，50年、100年之后，也许人们会将这样的灾难渐渐忘却，也许我们会继续向大自然不断地索取。但当我们迁往高地，俯瞰大海，望向那片曾经居住的大地时，我们会记起沉重的伤痛，会怀着对大自然的敬畏之心继续生活。当然，这也是为了保留城市原有的活力。

结语

长期的实践告诉我们，人类不应为战胜自然、征服自然的勇猛而自豪，而更应该为追求与自然和谐共生的生活方式而努力。对传统的怀旧并不意味着要在创作中复古，而是借鉴祖先对待自然的态度、与自然共生的智慧和当代科学技术融合，从而找到具有新价值观的建筑创作方向。

一个新城的实践：苏州工业园区规划报告

A New Town's Practice: Planning Report of Suzhou Industrial Park

LECTURE12

一个新城的实践：苏州工业园区规划报告

A New Town's Practice: Planning Report of Suzhou Industrial Park

2011.10.18

录音整理：陈姗

Record and Text by ChenShan

开篇语

今天有幸请到苏州工业园区总工程师时匡教授为我们作主题报告《一个新城的实践：苏州工业园区规划报告》，报告将介绍时匡教授在苏州工业园区的规划与实践过程中的体会。

苏州工业园区在中国是一个新的城市，是中国与新加坡两国政府合作开发的项目。在规划中，比较早地引入了一些国外的新理念。它的经验将给其他正在进行大规模新城开发的地区带来一些启示。

时匡

中国建筑设计大师 / 世界华人建筑师学会常务理事 / 中国建筑学会常务理事 / 曾任苏州市建筑设计研究院总建筑师(教授级高级建筑师) / 日本神户艺术工科大学客座研究员 / 高级访问学者 / 1993年起任苏州工业园区总规划师 / 兼苏州工业园区设计研究院院长、总建筑师 / 苏州科技学院建筑设计及其理论学科学术带头人，空间设计研究所所长，并担任许多城市的建设顾问。

研究方向

城市规划与建筑设计的理论研究与实践。

主要作品和业绩

主持完成了230余项各种规模和类型的工程项目，面积达150多万平方米 / 在建筑创作中不断推陈出新，其中有12项作品获得国家、部、省级优秀设计奖 / 在国内外发表过许多论文及专著，中国建筑工业出版社出版了他的作品集，韩国也专门为他出版了设计作品专刊 / 他曾多次代表中国建筑师出席各种国际建筑界重要会议并发表论文 / 近年主持了中国、新加坡两国合作项目——苏州工业园区的规划和建设，得到了国内外的一致好评。

本讲主要内容

苏州工业园区规划的概况
图解苏州工业园区新城设计
新城设计—— 扬州新区
我国规划现状和开发区规划建议

苏州工业园区规划的概况

苏州工业园区不同于一般的开发特区，而是由中新(中国、新加坡)两国政府合力开发的特区。这种特殊背景给设计带来了深远影响。

园区的规划从1993年就开始编制，1994年5月12日正式启动。两国政府对此规划高度重视，1994年规划编制完成，1995年5月论证通过，2000年进行了规划的修编。到2003年又进行了局部调整。

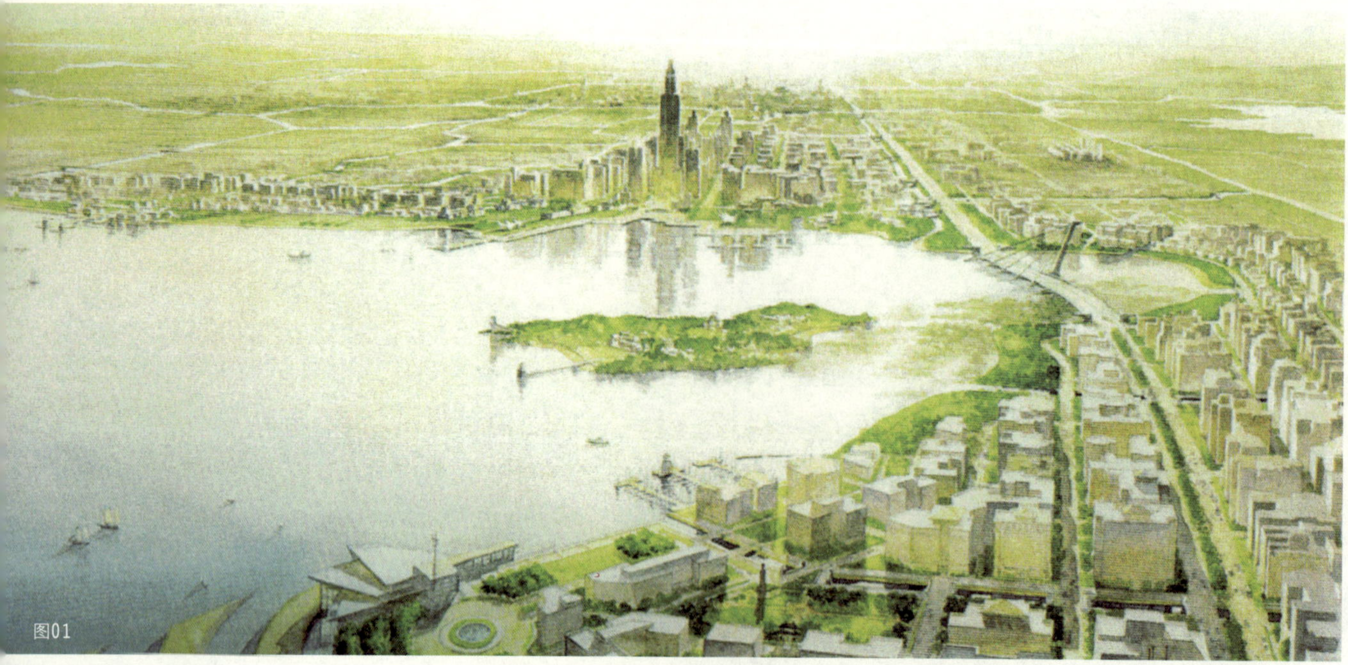
图01

苏州工业园区的规划编制方法和其他地方不一样，除了总体规划、详细规划，还增加了城市设计阶段。由于苏州工业园区具有国际性背景，作为中国新城设计的试验区。所以苏州园区的规划编制方式、阶段和成果都是比较特殊的。

到目前为止，工业园区已走过十七年，我们将规划和管理做到了控制与灵活相结合。我们在实施过程中对项目进行动态管理，全过程进行跟踪，从方案报批、施工图审查到最后的验收。苏州工业园区这种严格管理的程度应该说在全国其他地方是没有的。还有一方面值得一提的就是平衡和协调，因为规划是中心环节，关系到多个部门，平衡和协调显得尤为重要。

图01　金鸡湖规划鸟瞰图
图02　金鸡湖畔科技文化中心

1994年 未动工时，金鸡湖周边还是一些农村和零星的工业厂房

2000年 5年内，整个区域的道路已基本铺设完成。住宅和商贸区也开始启动。金鸡湖景观规划也基本完成

2005年 历经十几年的发展，工业园区已初具规模

图01

图解苏州工业园区新城设计

我想通过图例向大家介绍苏州工业园区的建设过程。

首先介绍苏州市城市总体规划。苏州的中心区域是苏州的古城，有2500年的历史。苏州的城墙、护城河和苏州园林多在古城内。苏州现在的格局是四面发展，形成了多个新城片区。东西两个新区的中心连起来就构成了整个城市的轴线。

2003年

工业园区规划建设前农田

图02

2003年

工业园区首期建设情况，有序的城市空间肌理

图03

苏州工业园区总体布局

工业园区中工业用地占了很大比例。从总体规划图中可以看出商贸中心相对集中，而满足民生需求的商业设施则点状分散于各区块之间，绿化用地也是层级分明——金鸡湖是市级的城市公园，其次是区一级公园，社区公园则结合邻里中心一起设计。虽说整个绿化占地比例是13%，比例并不高，但是大家仍可以感觉到绿化很多，这就是巧妙规划的结果。

图01　1994-2005年苏州工业园区航拍图
图02～图04　1994-2005年苏州工业园区鸟瞰图
图05　苏州工业园区用地规划图

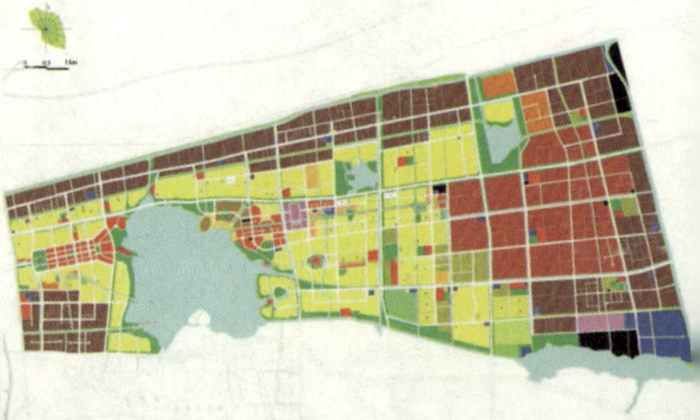

图05

图04

2006年

中心城区CBD已粗具规模，最核心位置正在实施建设中

图01

分区讲解

工业区——资源共享

工业区的设计有别于传统形式的一个厂子、一个院子，工厂内自己配置宿舍、食堂等服务设施。我们统一规划了标准工业厂区。厂区内的停车、绿化、配套设施都可以共享。虽然里面有将近200家工厂运营，但是在路上看不到每个工厂各自的名称。直到现在，厂区还像新的一样。虽然是工业区，但是规划要求很严格，对它的建筑立面造型、绿化甚至围墙都有严格的规定。

针对厂区内员工的住宿及民生需求，我们设置了便利中心，就近为普通员工提供服务，便利中心内统一进行建造，并配有活动场地及生活所需的公共服务设施。

图02为比较有特色的便利中心平面图。便利中心长条状布局的是集体宿舍，可以共享区内的服务、医疗设施，只有少部分的住宅提供给有家属的员工使用。为了把地节约出来，达到最大化的经济效率，工业区内基本上不做公园，就是在便利中心里有这么一块小小的绿地。

工业园区里高密度、低密度的居住区，都合理地布置在适当的区域。高密度住宅区的容积率一般控制在2~2.5；中密度住宅区是多层住宅，环境、绿化、停车位各方面的标准都比高密度住宅区稍微高一些，环境稍微好一点，当然售价也高一点。我们规定住宅区底楼不能全做住宅，要让出三分之一的面积提供公众活动的场地。所以苏州工业园区的住宅区里面，大家可以看到底层都有空出一部分，有些小区用雨廊将所有建筑联系起来。低密度住宅区往往在环境更好、地价更高的地方。高中低密度住宅的组合也有利于营造高低变化的城市天际线。

图01　资源共享的工业区
图02　便民中心规划总平面图
图03　滨水活动空间
图04　便民中心高低错落的城市天际线

图02

图03

图04

图01

居住区——邻里中心

苏州工业园区的一个特点就是分区明确。因此，我们在居住中将商业面积控制在3%之内。为了方便居住区各个区域的居民，我们将商业以点状均匀分布，这就是“邻里中心”的概念。邻里中心将菜市、超市、社区医疗、休闲服务等设施都纳入其中，极大地方便了居民的生活。小学、托儿所和社区绿地公园也集中于邻里中心的周围，真正体现了“以人为本，以大众为本”的概念。

图01　便民中心多层居住楼的底层为休闲商业
图02　邻里中心
图03　苏州工业园区科技园
图04　苏州工业园区会展中心
图05　苏州工业园区图书馆

图02

图03

高教园区——大学城

关于园区里面的教育设施，我们集中规划了一个高教园区。将一些大学的研究生院和科研机构集中在25km²范围内。有一点我们做得比较自豪，就是真正做到了大学城的概念，真正体现了大学城所需要的资源共享的理念。现在很多地方所谓的“大学城”就是把大学集中在一个区里面，但还是各自为政，使用自己的设施，没有做到大学城应该有的资源共享。而这里的图书馆和体育中心，都是大家共用的，公共教学楼可供高教区内所有的大学和科研机构使用。另外，我们还规划了很多科技园，把科技型中小企业聚集在一起，而且还规划了一个会展中心，把会展作为一种产业，作为一个城市的重要功能。

图04

图05

图01

工业园区的景观规划——金鸡湖

我们做了中国第一个工业园景观规划——金鸡湖。设计对应四周的景观，包括每个景观点的内容都做了详细的规划。区域内的道路、建筑都与景观息息相关。从图中可以看出建成的实例与效果图非常一致，真正做到了按规划实施。现在金鸡湖主打休闲产业，也可以说是景观商业。区域内还布局了李公堤这一具有苏州风情的商业街，已成为苏州档次最高的休闲地段。

图02

图01　金鸡湖规划鸟瞰图
图02　金鸡湖建成航拍图
图03　金鸡湖岛上休闲商业
图04、图05　金鸡湖岛上滨水餐饮

我们邀请了各行业的大师设计园区中的雕塑、小品、路灯，甚至连坐凳也是精心设计的。我们也非常注重城市绿化隔离带的设计。我个人认为，城市道路中间的绿化所带来的景观效益是最大的。

图04

图05

图01

图02

图03

自古苏州城里就有很多民居临水而建。虽然历经几十年、几百年的风吹雨打，已是残破不堪，但却富有情趣。很多画家、摄影师和外国人都来苏州寻找这样的地方。它之所以会吸引这么多人的注意，是因为它的气氛、空间关系、建筑距离，建筑和环境的关系，比例尺度非常好。这种尺度未能在新的城市里面得到运用，我感觉非常可惜，希望我们在做规划、景观和城市设计的时候，能够再把这些比例找回来，还给大家一种记忆。

图04

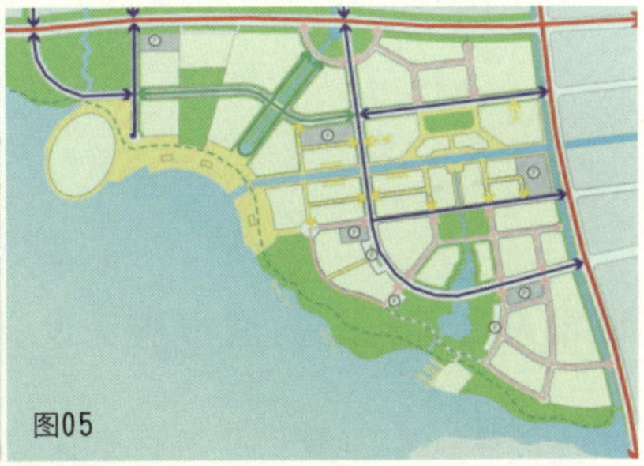
图05

苏州工业园区重点区域城市设计

苏州工业园区很多区域都是在严格的城市设计之后建造起来的。举几个例子，一个是金鸡湖北东岸。我们首先利用道路将每个地块分割出来，布置不同的功能。这里的地块被分为两类，一类是私有空间，出让给开发商开发建设；另一类是公共开放空间，是市民所共有的。从这张“开放空间分析图”(图04)就可以看出来我们的公共空间是如何组织并一点点注入到这个区域内形成循环的。这些都是经过城市设计来实现的，城市设计不仅做建筑，更重要的是设计城市空间。

园区的规划是十分有序的，体现在道路非常清晰。这张道路分析图(图05)我们把不同的道路性质用不同的颜色表达出来，红色的是主干道，蓝色的是次干道，粉色的是支干道。这张图反映出等级明确的道路结构形式，次干道和主干道相结合，次干道又和支干道相结合，而主干道只跟次干道相结合。道路结构像树枝一样，有主干、有次干、有支干。这样主次明确的道路结构结合严格的规划管理，有效地减少了城市道路在主干道上的开口数量，有效地提高了主干道的行车速度，缓解了城市交通拥堵的问题。

图06

图01　金鸡湖中心区空间形态规划
图02　金鸡湖滨水商业街空间形态规划
图03　古城里面的小桥流水
图04　开放空间分析图
图05　道路分析图
图06　苏州工业园区入口

城市设计亮点——城市界面设计

在城市设计中，我们并不注重建筑造型的设计，而是将精力集中于控制建筑的形态、建筑的高度以及建筑与环境之间的关系。接下来重点介绍苏州工业园区中央商务区的城市设计。在这里我们引进“城市界面”的概念，把建筑跟道路的关系、高层塔楼跟道路的关系、裙房跟道路的关系，都进行了清晰的指引。中国很多城市的街道上形形色色的建筑高高低低无序排列显得较为凌乱，但欧洲国家对于城市界面的控制非常严格。道路两侧的建筑不论是风格形态、比例尺度，甚至与道路的关系都协调一致。建筑仿佛是两面街墙，很好地规范了城市街道的空间。

在欧洲，城市的开放空间往往也是通过建筑的围合来体现其空间。举一个比较典型的例子，德国在“二战”之后，建筑全部都是经过规划、经过城市设计建造的。有个广场，其周边有八个建筑，我去的时候已有七个做好了，还有一个(美国驻德国大使馆)在建。每一个建筑的要素造型处理都非常一致，包括风格、高度、窗墙比等。这个规划虽然是20世纪50年代做的，但规划对建筑的指引一直都被遵循。到1997年我再去德国的时候，德国的规划设计师跟我讲了一个故事：美国驻德国大使馆之所以建这么长时间，是因为美国的建筑师和德国的规划师之间产生了矛盾。美国请了一个大牌建筑师设计大使馆，建筑造型设计得非常张扬，与周边的建筑极不协调，德国的规划师不同意这个方案，因此僵持了二三十年，最后还是美国建筑师让步了，才得以完成大使馆的建造。这就体现了欧洲国家对规划的尊重和有效管理。

图01

图02

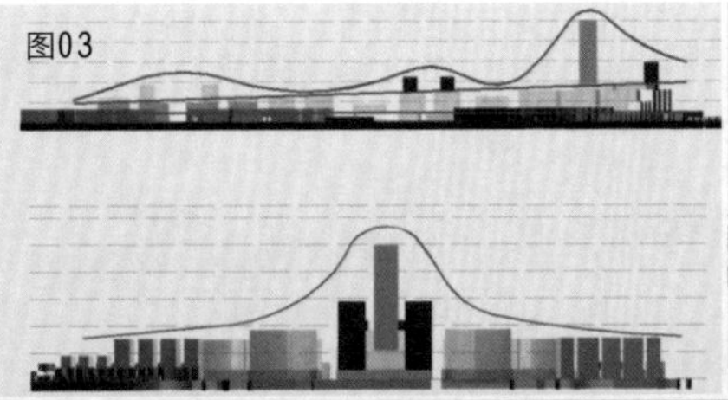
图03

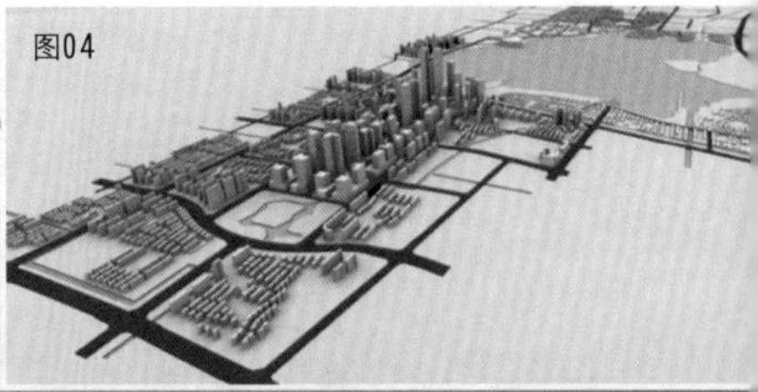
图04

图05

图01 国外航拍街区
图02 威尼斯广场
图03 规划中的工业园区天际线
图04 工业区CBD空间形态规划
图05 正在建设中的苏州工业园区中央商务区CBD

城市设计亮点——城市空间层次设计

在苏州工业园区的城市设计中，我们将天际线分为三个层面。一是所有裙房的控制线；二是大部分高层的控制线，呈缓慢上升趋势；三是标志性建筑的控制线。这三条控制线构建了整个中央商务区的城市界面，从湖中间看中间高两边低。这样的控制还延续到两边的住宅，丰富了整个城市的空间层次。除此之外，我们对建筑的指引落实到每个地块，如“地块立面内的建筑裙房在哪里，塔楼在哪里，高度如何”等都做了详细的指引。这样有效地控制了中央商务区CBD的城市空间形态。

图01

图02

这张照片是太湖边农民自建的房屋，是一种无序的、无意识的建设状况，但是很漂亮。这说明什么？

我们在做普通的住宅建筑时，也要关注它在城市中的面貌。基于这个理念，我们在做居住区的规划及其城市空间层次设计时，也注意了这个方面。

图01是苏州两万人的新住宅区的控制性详细规划。我们将2km^{2}分成八个地块，首先进行总体规划，确定道路和功能的分区。其次，对小区内高层、小高层以及低层住宅的位置都进行了合理布局。我们要求每个地块都为城市绿化作出贡献。现在很多的小区把绿化放在中间，建筑则在外围堵得满满的，从道路上看过去，一点生气都没有。我们规定了建筑的控制线，留出面向城市道路的区域作为绿化用地。最后，我们还在每个地块预留出一个区域，彼此连通之后构成了整个区域内的一条绿色廊道，为城市景观的建设增添一抹亮色。

图01 苏州工业园区居住区航拍图
图02 太湖边农民自建房屋
图03 扬州新区航拍图
图04 会议中心对面的外语学院

图03

新城设计—— 扬州新区

作为设计师，都希望在有限的时间内可以看到自己的成果。但相比建筑师，规划师的成果要实现往往是遥遥无期。我非常有幸，在这么大的年纪还能看到自己的成果。除了苏州工业园区之外，我还有几个成果(昆明CBD、昆明高新区、泰州医药城、扬州新区)也初见成效。能得以实施，这也得益于现在城市的高速发展。

其中扬州新区和苏州工业园区一样，扬州新城西区是一个从规划、城市设计、景观到单体建筑一气呵成的新城，占地面积约10km^2，以服务周边工业和疏散主城的居住人口为主。规划构筑了一套层次分明、结构严谨的公共服务系统，新城的中心环绕人工湖而筑，将成为扬州西部的副中心。

新区北部地形起伏，以及源于自然、融于自然的理念，将城市设计个性化。北部这种带有标志性以及和地形结合的公共建筑群和南部居住建筑为主的城市基调形成遥相呼应。

图04

这里我向大家重点介绍几个建筑。图04为会议中心对面的外语学校。大家一定会觉得这个学校的建筑很奇怪，为什么在建筑的东西向是没有窗户的？因为会议中心的中心会场就在学校对面。为了避免从会议中心出来后看到很多凌乱的窗户，我们就把学校设计成一组高高低低的建筑雕塑，通过其他方式解决通风采光的问题。

我国规划现状和开发区规划建议

在中国，城市规划从20世纪60年代才开始，城市规划的发展可以说是从无到有的过程。现今政府对于规划的重视也达到了空前的高度，对城市规划专业也提出了更高的要求。如今，全国各地已建立专门的规划部门，而不再是跟建设局合并设置。这说明我国的城市规划已步入正轨。目前规划对环境、生态、低碳等方面也提出了新的要求，不再拘泥于平面的规划而是着手构建多层展开的立体城市。

规划进步的根本原因主要有两点：一是经济的发展，当然这是最主要的。现今社会对于城市的发展规模，对于城市的建筑品质和景观品质都提出了很高的要求。二是城市化进程的要求。中国目前进入了一个高速城市化的阶段。大部分原本集中在农村的农业人口向城市转移，大量产业在城市发展。城市化给中国带来了巨大的变化。

联合国把中国的城市化作为21世纪的第一件大事。规划就是规划未来，特别是规划城市的未来，肯定会为持续发展创造条件，规划的进步也体现了全球可持续发展的趋势。

关于规划的编制，通常是由设计院完成，规划局执行，相对是脱离的。专家现在也开始介入规划中。我国内规划设计大致分四个阶段：①概念性总体规划；②总体规划，总体规划里面有时会有一些专题，有的会把城市设计作为专题；③控制性的详细规划；④修建性的详细规划。

因为苏州工业园区的特殊性，对于园区的规划大多是通过专业评议最终确定的。在此，我想对未来新城的规划提几点建议。

1.重视创新思维，遵循城市规划通用规则

我觉得规划应当跟建筑和景观一样，要创新，但同时还要遵循城市规划的通用规则。我参加过很多评审，发现很多规划方案的创新不足。这是一个很大的问题。虽然我们的城市规划到现在为止已经有33年之久，但有时还是会背离国际上通用的城市规划规则。我举两个例子，一个是城市中心。我看了很多地方做的规划，城市中心不像中心。所谓的“城市中心”应该是非常紧密的，而现在很多城市所规划的中心太散，这与国际上的做法是相违背的。另外一个是工业区。国外对工业区的规划有一种很成熟的操作模式，工业区就是工业区，没有必要在工业区里安排很多公园、很多商业，因为这是完全没有必要的。但是我们的很多工业区，并没有把工业区的特点掌握好。

2.重视吸取成功经验，紧密结合各地实践

我们应该多吸收国内外的成功经验，并运用到城市的规划设计中来。同时，也要结合各地相异的情况，不能生搬硬套。

3.重视城市设计对具体建设的指导

我国的规划编制还没有城市设计这个阶段，我想借助这个机会呼吁大家重视城市设计，因为规划是没有办法具体指导建筑设计的。因此，我们应重视城市设计对具体建设的指导。

4.重视区域定位

现在做规划往往只是关注既定的地区。如果我们站得更高，从区域的眼光来看，这个地块可能会做出更加科学的方案。

5.重视可持续发展，预留未来空间

这个道理显而易见，就是在规划时要为将来创造一些可能性，要留有余地。

目前，规划设计还存在着一些问题和不足，主要有以下几点:

1.速度上规划滞后，有边规划边建设，先建再补规划的情况。

2.将就现状。可能由于经济、实施难度等原因，现在的很多规划都将一些不合理的现状保留下来，大大影响了规划实施后的效果。规划本身就是一个长远的计划，对于不合理的可以拆除，但可以实施得慢一些。不能因为一些因素不合理的地名规划还给予默认。

3.规划编制和管理脱节，重编制，轻管理。现在很多地方都有规划编制的环节，但规划做完之后却没有制定行之有效的管理制度，导致了规划条件的随意改动。

4.编制的方法落后，计划经济的模式未变。我们现在使用的规划教材还是依据计划经济体制编写的，对于土地经济性的考虑不足。

5.没有建立区域概念，没有全覆盖的长远规划。我发现很多地方的规划是一届领导做一届领导的规划。规划的涵盖面很狭窄，对日后城市的发展留下了很多弊端。

6.规划编制的缺陷——缺少城市设计。目前很多地方依然以规划来指导建筑，仅仅提供一些平面指标，其他则由建筑师去发挥。这就很难形成协调的城市面貌。

7.城市特色缺失。中国幅员辽阔，每个地区都有各自的特色。但在国际化潮流的冲击下，很多城市都充斥着毫无特色的建筑，可谓是千城一面。

8.多凭经验，数据分析不足，普遍大而松。现在很多规划就像复印机一样，大家都凭经验来确定城市的格局和尺度，并没有针对特定地方做数据分析。我个人感觉现在新城的普遍问题是规模普遍大而松。往往一个县城的规划要做到几百平方千米，马路宽宽的，建筑稀稀拉拉，根本不是按照人口规模来规划城市，也没有从经济的角度思考对土地的合理利用。

与大师对话

Q1：香港地方很小，车辆也很多，但是交通并不拥堵。这个城市在规划上有什么特别好的经验我们可以借鉴的吗？我想听听您对香港城市规划的解读。

时：我对于香港的规划并不是很熟悉。大家都知道香港是一个人口非常密集的城市，但为何如此密集的城市不堵车呢？一是香港道路是分散的，并没像内地大尺度的城市主干道。二是车流分散在城市的每个角落，而不是集中在某个节点。另外，香港的公共交通非常发达，这一点值得我们借鉴。

Q2：目前中国所有的大中小城市，都在拉大构架，特别像西安。现在我们在做西安的项目，对城市也进行一些考察和了解，西安将会扩张成为超级大城市，您是怎么看待目前中国大城市扩张的问题？它们在扩张的同时会存在很多隐患，您在规划层面上是怎样考虑规避这些隐患的？

时：城市的扩张势不可挡，这是没有办法的。因为世界上人口最多的国家要改变它的生活状态，谁也没有这种能力去阻挡。原来农民可能不知道外面的世界，但出来之后看到城市有这么丰富的生活，必然不会甘心就在穷乡僻壤里待着。于是大量农民不断地向城市靠近，城市化已成为一种趋势。城市规划为什么重要？城市的发展是不可逆转的，而无规划的城市发展所带来的损失是无法估计的。有的时候太过急功近利是不行的，这对以后会产生巨大的影响，因此我们需要有一种强烈的社会责任感。至于怎么样有序地推进城市化，如何在中国新城市化的浪潮中保持城市的特色，保持一种可持续的发展，这是摆在我们每个技术人员面前，包括领导面前的课题。规划时要考虑得周全一点，就一个城市的规模做一个全覆盖的规划：考虑到节约社会资源、土地资源等，尽可能不要去搞大而空的东西。怎么样给居民创造最便利的生活是最重要的。

Q3：苏州工业园区开发是由两个国家(中国和新加坡)共同开发的。据我了解，新加坡的整体规划提出了一个新城镇规划的理论，我想问一下时教授，在苏州工业园规划中，新加坡的理念，是如何融入到我们中国苏州工业园里面的？您刚刚说世界上有许多比较成熟的规划理论和规划经验，而我们中国目前还比较缺乏。国外有哪些比较成熟的规划理论或经验，我们应该怎样结合中国的具体实际情况进行规划设计？

时：关于规划，实际上是和建筑有共性的。我感觉我们在学校里学的规划专业，包括现在大家接触的东西基本没有规律可循。所以做出来的规划从国外的视野看，或从高层次的方面看存在不少问题。我举个例子，没有哪个城市的中心会规划很多很多的绿地，但是我看到现在有很多城市规划中心区里有生态公园。这就是概念上的问题。中心区应该是高密度的，想留一小块绿地很困难。比如王府井，我们怎么可能在王府井中做一个公园？怎么可能在上海南京路的中间做一块大型的生态绿地？还有一个问题就是，概念层面的滞后。比如说CBD的概念。国外早在20世纪二三十年代就提出了CBD，而我们才刚刚建立CBD体系。大家甚至都不了解何为CBD，乡镇居然也开始建立CBD，这是很可笑的。还有就是城市设计，现在中国大多数地区并没有把城市设计作为指导建设的重要战略。每个地块都靠建筑师个人发挥，并没有统一建筑与周边的关系，才造成中国城市里并没有很多精彩的片段。

Q4：作为一个规划师，能见证一些小型规划项目的落地、建成，都让我觉得很欣慰，刚刚听了对您作品的介绍，您用十年甚至更长的时间去实施一个比较大型的城市设计，我感到很震撼。我有一个疑问，像您规划这个工业园区，大概用了十年左右的时间，那您十年之前的理念实施到现在，在这个过程中是否有调整、是否增加了新的理念，又是如何把最开始、最核心的东西留到现在实施的方案当中？

时：其实在1993年是做了一个总体规划，打了一个基础，定下了城市框架。但很多方面都在不断地深化，不断地完善。从1993年规划到现在，我们在工业区中又做了大大小小约150个规划。这个过程中又有新的理念不断加入。我举个例子，我们最近在做一个中心区的城市设计。约15km^{2}的范围内，数十栋超高层建筑同时建设，我们在规划中将建筑的地上、地下全部连接起来，并与地块衔接。项目总投资大约200多亿元，这应该是中国首个立体化都市。

Q5：针对苏州工业园区，我有一些疑惑：从苏州工业园区的布局来看，整个工业集中在工业园区的北边，住宅区则沿着金鸡湖布置，商业全部集中在东面，我感觉苏州工业园的整个规划非常严谨，而且具有科学性，请问一下这样的布局方式，您是基于一种什么样的考量？

时：这种城市的结构应该是比较科学的，外围是工业，湖的四周是住宅区，商业在居住区中间，核心商业在整园区的最中心，这种结构是最好的，为什么呢？首先，工业区需要与外界有便捷的联系。城市周边的地方与外界的交通联系较为方便。如果将工业布置在城市中心，大量的货流要经由城市内部道路，这对城市交通非常不利的。其次，金鸡湖四周具有良好的景观，景观优势提升了土地商业价值，住宅区在这个区域有效地发挥了土地优势，这就是为居民提供优质的生活环境。最后，民生商业作为生活不可缺少的部分，布置在居住区内，可以减少人们日常购物往返的时间，方便大众的同时也减轻了城市交通的负担。邻里中心服务半径约500m，而市区中心的商业区的覆盖面是最大的。

Q6：因为我是做城市规划设计的，管理知识比较欠缺。而苏州工业园区在规划管理方面非常成功。但现在一些生态新城的出现，个人觉得有些理念非常超前。我想知道对于这种国家非常重视但实施可能性却很低的规划应该如何进行规划管理？

时：这就涉及了规划和实施的关系。做规划也好，做建筑也好，理论和创新都非常重要。有一个好的理论再加上好的创意肯定会打下很好的基础，我们现在的规划通常缺乏这方面的理念。能参加苏州工业园区建设过程，在建设与规划设计中实现个人的想法，我感到非常荣幸。目前，我国出现了建设生态城的热潮，引入了很多新的理念，比如天津生态城就是以生态低碳、轨道交通为设计理念的。从目前我了解的情况，他们也是非常努力按照既定的目标在实施，尤其针对生态、低碳方面，制定了很多具体的细则，把每一个技术问题都作为技术课题研究，我认为这个非常好。所以相信生态城也好，包括新的规划也好，如果坚持下去，我想肯定会做得比苏州工业园区更好。

结语

在我的职业生涯中，有幸参与到苏州工业园区的规划和实施中，对我而言是个提升自我的过程。

城市的不断扩大为我们提供了发挥才能的舞台，作为设计师，我们应该以更高的角度去审视每一个作品，应该不断吸收国内外的成功经验，提升自我的专业修养。

希望大家能够把握机遇，迎接挑战。中国的城市化建设将是对你们极大的考验。

筑原学堂花絮

摄　影　周麟　李颖甄　肖铁刚　胡滨

后记

设计是一门可以用博大来形容的学科，需要设计师具有宽广的视野和学识。

我们只有不断地学习，与时俱进才能创作出具有时代意义的作品。学堂一直是我追寻的记忆，我怀念曾经在校园的学堂中，承导师之教诲，领生活之真谛。于是我在2010年策划开设“筑原学堂”。

回顾2010-2011两年的“筑原学堂”，我们收获颇多。

在“筑原学堂”上我们近距离感受大师的风采。何镜堂、孟兆祯院士深厚渊博的专业学识、谦逊亲和且富于哲理的生动言语，让我们清晰领悟了大师思想精髓及对设计的认识与理解。

在“筑原学堂”上我们获悉设计最新的动态。上海世博会中国馆在刚刚完工时，主创成员、驻场设计师汤朝晖博士做客“筑原学堂”，与我们分享中国馆由方案到实施的第一手资讯。中国建筑设计大师孟建民参加由中国建筑协会举办的台湾建筑考察之旅后做客“筑原学堂”，与我们分享其一路的所见、所闻及所感。

在“筑原学堂”上大师与我们分享其设计经验。日本建筑大师古市徹雄先生向我们解说其几十年在设计创作中总结出的设计理念“风、光、水、地、神、材”。中国建筑设计大师时匡先生与我们分享其用10年时间设计并实施的新城——苏州工业园区，分享其设计、建设中的点点滴滴……

在“筑原学堂”上我们通过大师的视角认知设计、吸收专业资讯。意格国际总裁马晓玮、华南理工大学规划专业博士生导师赵红红通过他们的视角解读设计，让我们领会到设计与生活的联系。植物景观设计专家包志毅、照明设计专家荣浩磊、低碳专家周国模等各学科学术带头人与我们分享其领域的先进技术及最新资讯。

我们衷心感谢莅临“筑原学堂”的各位学者与教授!

今天，我们将2010-2011年度“筑原学堂”内容整理出版，将其精彩部分与大家共享。由于讲堂课件资料涉及面较广，经多方努力，仍未能获悉部分课件资料出处及课件所引用图片作者的姓名。请作者见到书后与我们联系，以便支付报酬和重版时署上您的名字。

陈圣泓

筑原设计机构创始人、首席设计师

POSTSCRIPT

As a discipline that well deserves to be described as extensive and profound, design requires the broad vision and encyclopedic knowledge from the designer.

Only with continuous learning and keeping pace with the times could we create the works reflecting the significance of times. School is the memory that I've been seeking for. I often think of the time spent at school when I could learn from supervisors about both the professional knowledge and life. So I launched the Artman Lecture in 2010.

Looking back at the Artman Lecture from 2010 to 2011, I realize that we've benefited a lot from it.

There, we get close to the masters. The CAE Academicians He Jingtang and Meng Zhaozhen impressed us with their profound knowledge, modest and amicable attitude, and philosophical and vivid expression, allowing us to better understand the masters' thoughts and their understanding about the design.

There, we learn about the latest development of design. When the China Pavilion of Shanghai Expo was just completed, Dr. Tang Chaohui, one of the main creative designers and the site resident designer lectured at the Artman Lecture to share the first-hand information on China Pavilion from the design till implementation. Meng Jianmin, the Chinese Architectural Design Master, came to the Artman Lecture and shared his experiences with and remarks on the Taiwan architecture after he just finished his Taiwan tour which was organized by Architecture Society of China (ASC).

There, the masters generously share their design experiences with us. Tetsuo Furuichi, the Japanese architectural master, explained to us his design philosophy extracted from his decades of design practices, i.e. the elements of wind, light, water, site, spirit and materials. Shi Kuang, the Chinese Architectural Design Mater, shared his experiences with the design and construction of a new town, the Suzhou Industrial Park, which took 10 years for design and implementation.

There, we are able to understand the design and learn about professional information from the master's point of view. Ma Xiaowei, the CEO of Ager Group, and Zhao Honghong, the PhD Supervisor of Planning Specialty, South China University of Technology (SCUT) interpreted the design from their point of views and enabled us to understand the connection between design and life. Besides, we also had academic leaders including Bao Zhiyi, plant landscape design expert, Rong Haolei, lighting design expert, Zhou Guomo, the low-carbon expert and etc to share the updated technology and information of their respective fields with us.

Here let's extend our heartfelt gratitude to the scholars and professors who have been to our Artman Lecture!

Now we are very glad to compile the contents of Artman Lecture (2011-2012) for publication and share the highlights with more peers. Due to the extensive contents involved in the courseware, we have not found out the sources of the information and images used in the courseware despite of the various efforts made. The authors may contact us for stipend payment and indication of author name for the reprint.

Shane Chen

Founder and Chief Architect, Artman Group